序章

0-01 凝縮された40年

二〇一八年五月二十一日、午後五時。ぼくは夕暮れの鶯谷駅に降り立った。

この日、東京キネマ倶楽部というイベントホールで、とある書籍の出版記念パーティーが開催される。その招待客の一人として、ここにやってきた。

本のタイトルは『ポケモンをつくった男　田尻智（たじりさとし）』。小学館の「学習まんがスペシャル」の新刊だ。このシリーズでは、他に松井秀喜、羽生善治、平成の天皇(!)といった人物がラインナップされている。このタイトルにもあるように、世界的な大ヒット作となったゲームソフト『ポケットモンスター』の発案者である田尻智の生い立ちが、児童向けの伝記マンガとなったのだ。

会場には主賓の田尻を中心に、彼が代表を務めるゲームフリークの関係者、『ポケモン』のプロデュースをしている株式会社ポケモンの関係者、そして『ポケモン』の発売元である任天堂の関係者たちが集まっていた。ぼく自身はフリーランスの身だが、かつてはゲームフリークに在籍し、『ポケモン』の開発にも携わっていたため、この晴れやかな場に呼んでもらうことが許された。

パーティーでは、そんな田尻の生い立ちから、ゲームマニアとしての活動、ゲームライターとしての仕事ぶり、そしてゲームフリークの設立から『ポケモン』の開発に至るまでを紹介し、現在の成功への道のりを振り返っていった。本人は当然のことながら、それは我々関係者にとっても非常に感慨深い時間となった。

田尻と再会するのは、ぼくが二〇〇九年にゲームフリークを退職して以来だから、およそ10年ぶりだ。在職中にはいいことばかりでなく、悲しいことや腹の立つこともあった。モノ作りに立ち向かっていれば、それは珍しいことじゃない。だが、どんなことがあっても、ゲームソフトが完成すればすべての苦労は吹き飛ぶ。それらを乗り越えたからこそ、今日のこの日がある。ぼくは田尻に深々と頭を下げ、祝福の言葉を口にした。

彼に会って、お祝いを述べる。それがこの日のいちばんの目的だったわけだが、ぼくにはもうひとつ、やるべきことがあった。それは任天堂の宮本茂さんに、自著を渡すというミッションだ。

——話は数週間前までさかのぼる。

ぼくのところに、ゲームフリークから1通のメールが届いた。それは『ポケモンをつくった男　田尻智』の出版の知らせだ。それに合わせて関係者を集めての出版記念パーティーを開催するので、ぜひ出席してほしい、とも記されている。願ってもないことなので、ぼくはすぐに快諾し、その旨を返信した。

すると、翌日返ってきたメールには予想外な言葉が書かれていた。

「任天堂の宮本さんが、とみさわさんの近況を気にしておられます。当日お会いしたらご挨拶などお願いします」

ゲームを仕事にしていて、宮本茂の名前を知らない者などいないだろう。マリオの父。世界のミヤモト。ポール・マッカートニーがサインを求めた、あの宮本茂である。ぼくは『スーパーマリオブラザーズ』と出会って人生が狂ったような人間なので、その作者である宮本さんは神様みたいな存在だ。ゲームフリーク在職中には何度か会っているが、そのたびに緊張で背筋が伸びる。

そんな宮本さんが、自分ごときの近況を気にかけてくれている！

ぼくは会社員としては本当にだめな人間で、真っ当に会社を勤め上げることができない。ゲームフリークへの入社を夢見る学生が聞いたら呆れてしまうかもしれないが、ぼくはゲームフリークに2回入社して、2回退職しているのだ。そうなった経緯は後述するが、一九九一年に入社して3年勤めたあと、一九九四年に退社する。それから8年間フリーランスで仕事をするが、二〇〇二年に契約社員で復職する。そして7年後の二〇〇九年にまた退職してしまった。

我ながら呆れるばかりである。

田尻社長が、ぼくの近況を気にかけているというならわかる。だが、任天堂の下請けの会社を出たり入ったりしているようなポンコツ社員の近況を、宮本さんが気にしてどうするというのか。

とりあえず、パーティー会場で顔を合わせたら、ご挨拶だけでもしなければならない。ゲームフリークを辞めてからの近況は、いろいろなことがありすぎたので、その場で話していたら長くなる。何しろ世界の宮本である。会場には宮本さんと一言でも言葉を交わしたいという人がたくさん待ちかまえているだろう。そんな人の身柄をぼくが長時間独占するわけにはいかないのだ。

そこで、いいことを思いついた。このパーティーの2ヶ月前に、ぼくは1冊の本を上梓していた。『無限の本棚　手放す時代の蒐集論〈増殖版〉』（ちくま文庫）と題するこの本は、長いこと考察してきたコレクター論であると同時に、ぼくの自叙伝も兼ねている。これを読んでもらえば、ゲームフリークを辞めて以降、何をやってきたのかが一発で理解してもらえるではないか。

パーティーが始まる前、皆が雑談している合間を縫って宮本さんの席に駆け寄り、そっとこの本を差し出した。すると、宮本さんはびっくりするようなことを言った。

「サインしてよ」

いいですか皆さん、あのポール・マッカートニーからサインをせがまれた宮本茂が、ぼくにサインを頼んでるんですよ！　図式にするとこう。

ポール＞宮本さん＞とみさわ

誰かに著書を進呈するときは、あらかじめ署名を書き入れておくという作家は多い。ぼくだって当然そのことは考えた。ただ、自分は古本屋でもある（二〇一二年から二〇一九年まで神保町で古本屋を経営していた）。読み終えた本が不要になったら、捨てるのではなく、できれば古本屋に売ってほしい。そのときに、よほどの有名作家ならともかく、無名な著者の署名が書き込まれていたら、それは古書の世界ではヨゴレ扱いとなり、買い取りの評価額はガクンと下がる。だから、相手から頼まれない限りはサインをしないようにしているのだ。

そんな事情とは無関係に、そして宮本さんも深い意味はなく、まあ記念だからね、という程度のニュアンスで「サインしてよ」と言ったはずだ。ええ、ええ、そうでしょうとも。

だが、そうなることをぼくは先読みしていた。こんなこともあろうかと、鞄の中にはサイン用のマジックペンと、サインの横に捺す落款と朱肉を忍ばせてきたのだ。

「少々お待ちください！」

ダッシュでクロークへ行くと、鞄から署名セットを取り出し、宮本さんの元へ引き返す。そしておもむろにサインを書く。手が震えないように必死だ。その様子を見た周囲の人々は、さぞや驚いたことだろう。とみさわが宮本さんにサインしてるぞ？　ざわざわざわ……。

いちばんびっくりしたのは自分自身だ。まともに会社勤めも続かず、すぐに辞めてしまうポンコツ社員が、なぜゲーム業界のレジェンドにサインなんかしてるのだろう。

運命というのは不思議なものだ。いろんなことがあって、ここにいる。いま、この瞬間には、ぼくがゲームと出会ってからの約40年が凝縮されているのだ。

※　※　※

これから壮大な〝自分語り〟をしようと思う。

とは言いながら、自分の人生を漫然と綴ってみたところで、ぼくという人間に興味のない方にとっては、まるで意味のない文章になってしまうだろう。だからテーマを〈ゲーム〉に限定する。

ここでいう〈ゲーム〉とは、主に「テレビゲーム」のことだ。一般的に、ファミコンやプレイステーションといった家庭用ゲーム機をテレビにつないで遊ぶもののことを「テレビゲーム」と呼ぶ。それに対して、ゲームセンターのゲームは「アーケードゲーム」もしくは「ビデオゲーム」、パソコンで遊ぶものは「パソコンゲーム」と呼ばれるが、ここでは便宜上、それらすべてをひっくるめて〈ゲーム〉と表現する。また、トランプや花札、麻雀、ボードゲームといった非電化ゲームも登場するが、それもまた〈ゲーム〉に含まれる。

ぼくがどのようにゲームと出会って、どのように遊び、どのように批評し、どのように作ってきたか。これからそれを書いていくわけだが、ご存知ない方のために手前味噌ながら、ぼくの経歴を簡単に説明しておきたい。

フリーライターのぼくが、仕事で取り扱う分野のひとつに〈ゲーム〉を加えたのは、一九八六年のことだ。ちょうどファミコンブームが起こり始めた頃で、ゲーム専門誌というものが乱立しつつあった。そこにゲームライターという立場で関わったぼくは、たくさんのゲームの紹介記事を書いた。

自分に才能があったなどと言うつもりはないが、幸福なことに人脈に恵まれて、いろいろな媒体から声をかけてもらった。「ファミコン通信」「ファミコン必勝本」「ファミリーコンピュータMagazine」「マル勝ファミコン」「ハイスコア」「マイコンBASICマガジン」「じゅげむ」「ゲームぴあ」「覇王」「The スーパーファミコン」「HYPERプレイステーション」「メガドライブFAN」……。当時出版されていたほとんどのゲーム雑誌で原稿を書いたと言ってもいいだろう。つまり、ぼくはゲームマスコミが誕生し、成熟していく過程をまるごと見てきたわけだ。

ゲームライターとして仕事をしていくうちに、いまのゲーム業界に大きな礎を残した人物たちとも出会うことになった。ゲームボーイを作った横井軍平、『スーパーマリオブラザーズ』の宮本茂、山内溥から任天堂を引き継いだ岩田聡、『ドラゴンクエスト』の堀井雄二、『桃太郎電鉄』のさくまあきら、『MOTHER』の糸井重里、そして『ポケットモンスター』の田尻智。

一介のゲームライターだったぼくは、やがてゲームの開発者にもなっていくのだが、右に挙げた人たちの全員と一緒にモノ作りをしたことのある人間なんて、業界には他にいないだろう。ぼく自身は天才でもなんでもない凡人だが、天才と出会ってしまう才能だけはあったのだ。

そんなぼくが見てきたゲームの歴史。これから書くものは、ぼくの自分語りでありながら、それが図らずも日本のゲーム業界の、かなり重要な一部分を記録したものになっているはずだ——。

目次

Contents

Heroes,
Tanks
and
Monsters

[第2章]
ゲーム生活の始まり
67

[第 3 章]

ゲームとサブカル

[第 4 章]
ゲーム雑誌の日々

[第 5 章]

株式会社ゲームフリーク

Heroes, Tanks and Monsters

1978-2018 ☆ What's happened to my game life through 40 years

Akihito Tomisawa

［装幀］
井上則人
（井上則人デザイン事務所）
*
［イラスト］
鈴木みそ
*

第1章 ゲームとの出会い

1-01

見返りのないおもしろさ

テレビゲームの始まりを辿るのは難しい。

戦時中に弾道計算のために組まれたプログラムがそうなのか、技術者が本業の合間に組んだお遊びのプログラムがそうなのか、アーケードの買い物客がポケットの中でじゃらつかせている小銭を効率よく回収するための遊技機械がそうなのか、何をテレビゲームの始祖と定義するかで変わってくる。

本書では、そこまで厳密な歴史観を提示することを目的とはしていないので、とりあえずは、一九七二年にアタリ社が発表した『ポン』を元祖としておこう。『ポン』はテニスや卓球のような球技をシンプルな点と線で表現したゲームである。

その頃は、まだテレビゲームとは呼ばれていない。海外ではビデオゲーム、日本ではコンピュータゲーム、もしくは単にゲームと呼ばれていたように記憶している。やがてATARI 2600（一九七七年）やカセットビジョン（一九八一年）のように、家庭のテレビにつないで遊べるゲーム機が登場するようになってから「テレビゲーム」という呼称は生まれた。

さすがにリアルタイムで『ポン』を遊んだことはないが、それの派生形として作られた『ブレイクアウト』（一九七六年）の日本版である『ブロックくずし』は、かすかに遊んだ記憶がある。だが、ビデオゲームというものがコンピュータを用いた未来の遊びとしてぼくの心に強く印象付けられたのは、『スペースインベーダー』（一九七八年）が最初だった。その出会いはあまりにも鮮烈で、いまでも忘れることができない。

当時、東京の葛飾区にある高校に通っていたぼくは、授業の一環で水元公園に行かされた。そこは23区内でも最大規模の自然豊かな都立公園だ。自然観察のためだったか、美術の写生だったか、目的までは覚えていないが、とにかく学校から徒歩数十分のところにある水元公園へ行った。

その園内の休憩所に、『スペースインベーダー』があったのだ。

これまでのビデオゲームは、「ブロックくずし」や「テニス」のように小さな正方形（ボール）を細長いパドル（ラケット）で打ち返すタイプの、シンプルなものが主流だった。ところが『スペースインベーダー』は、異星人の侵略という若者の好奇心を刺激するようなテーマを題材にしており、世の中に登場すると、あっという間にブームを巻き起こしていた。

画面の上部には何体ものインベーダーが並んでいる。奴らは左右移動を繰り返しながら、ときおりミサイルを撃ってくる。プレイヤーは画面下方に設置されたトーチカの陰に隠れ、ビーム砲で迎撃する。こうした戦略性の高さが、人々の興奮を誘ったのだろう。まだゲームセンターなどというものがなかった時代に、インベーダーゲームを遊ぶための施設が街の随所に作られ、それらは「インベーダーハウス」と呼ばれた。

『スペースインベーダー』が大流行したのは、そのゲーム性（これは扱いが難しい言葉なのだが、ここではあえて使わせてもらう）が豊かだったことが最大の理由ではあるが、それ以外にも、このゲームを遊ぶための筐体（ゲーム機）の形状が重要だったことは、忘れずに記しておきたい。『スペースインベーダー』が登場する以前のビデオゲームは、商店街（＝アーケード。これにちなんでアーケードゲームとも呼ばれる）に設置することを目的として筐体がデザインされていた。買い物客が、買い物を済ませた帰りにフラリと立ち寄って、お釣りの小銭でゲームを遊ぶ。ゲームはそんなに長時間遊ぶものではなく、ちょっと小銭を消費するための一瞬の享楽でしかなかった。そのため、ゲーム（基板とモニタとコントロールパネル）は縦長のキャビネットに収められ、客は立ったままゲームをするのが当たり前のスタイルだった。

ところが、『スペースインベーダー』が登場する前後から、テーブル筐体というものが出現した。これは、コーヒーテーブルの中にゲーム基板とモニタを収納したもので、プレイヤーは椅子に座ってテーブルのガラス面を見下ろしながらゲームをプレイする。これによって、ゲームに対してじっくりと取り組むことが可能になった。そんな遊びのスタイルに適うほどの奥深いゲーム性を備えていたのが、『スペースインベーダー』だったというわけだ。

テーブル筐体がコーヒーテーブルを模していたことからわかるように、ブームとなった『スペースインベーダー』は、インベーダーハウスやゲームセンターはもちろんのこと、全国各地の喫茶店にも設置された。電源が取れるならどこにでも置けるのがテーブル筐体の利点でもある。

だからといって、公園の休憩所にまで置かなくてもよさそうなものだが、しかし、そのおかげでぼくは『スペースインベーダー』と出会うことができたのだ。

インベーダーブームが来ると、クラスのみんなもゲームに夢中になった。ぼくが通っていた高校は都立の工業高校で、男子校だ。学校中どこを見回しても、先生以外は男しかいない。しかも、生徒の半数以上は不良少年。ヘアスタイルはリーゼントかアイロンパーマ。制服は長ランにボンタン。学校が終わるとパチンコ

■ テーブル筐体

テーブル型のゲーム筐体と『スペースインベーダー』の登場が、ゲームを一気に普及させたのは間違いない。また、座ってゲームができるようになったことが、ゲームの複雑化や大作化を促進したという側面もあるだろう。

屋か雀荘に直行するような奴らばかりだ。そんな連中でさえも、インベーダーゲームのおもしろさに魅せられた。

もちろん、ぼくも『スペースインベーダー』を遊んでみて、一発で大好きになった。真っ黒い宇宙空間に浮かぶカラフルなインベーダーが、触手らしきものを上下させながらこちらへ向かってくる。ドッドッドッドッド……と断続的に鳴る低音が侵略の恐怖を煽る。ビームを発射した際のピキュン！という電子音も当時は新鮮な響きだった。インベーダーが画面の下まで降りてくると、地球は侵略されたことになり、画面は真っ赤になってゲームオーバー。

『スペースインベーダー』に限らず、テレビゲームというものが醸し出す不思議なおもしろさは、これまでの遊びでは感じたことのないものだった。授業中もゲームのことで頭がいっぱいになり、元々勉強には身が入らないクチだったが、ゲームと出会ってからは、ますます上の空に磨きがかかった。

学校帰りには、友だち数人でゲームセンターに直行した。行くのは主に金町駅の近くにあったインベーダーハウスだ。プレハブ小屋のような建物に、20台ほどのテーブル筐体が置かれている。店番はパートで雇われたおばあちゃんが一人だけ。毎日のように通っているうちにすっかり仲良くなった。おばあちゃんは店番をしながら、ＬＳＩチップの組み立てという内職もしていたのだが、ぼくらはちょいちょいそれを手伝ってあげたりもした。

そんな感じで楽しいゲームライフを送っていたのだが、あるとき気がつくと、ゲームをやっているのはぼく一人になっていた。他のみんなはゲームセンターには来なくなっている。どうしたんだろう。友人の一人をつかまえて「もうゲームやんないの?」と尋ねると、そいつはこう答えた。

「ゲームって、いくらやっても金にならないじゃん」

周囲のみんなは、それでまたパチンコや麻雀に戻っていた。ゲームに飽きたと言うこともできるが、彼らにゲームを飽きさせた最大の理由は「ゲームには見返りがない」ということだった。

そのことを知ってぼくは悲しんだかというと、そんなことはない。「なるほどね」と思っただけだ。そもそもがパチンコや麻雀をやっていた連中なのだから、いずれそっちへ戻っていくのはわかりきったこと。ただ、

■ 高校時代の我がクラス

1970年代で、公立校で、工業高校で、男子校という条件が重なるとこうなる。ぼくは不良グループではなかったが、リーゼントにしてる連中がちょっと羨ましかった。

ぼくはそれでもゲームの楽しさに飽きることはなかった。そして考えた。

なぜゲームはこんなに楽しいんだろう?

ゲームには現金という見返りがないのに、こんなに楽しいのはなぜだろう?

腕のいいプレイヤーなら、百円硬貨ひとつでいつまでもゲームを遊び続けることができる。ぼくはゲームが下手だから、『スペースインベーダー』を攻略するにしても百円硬貨がたくさん必要になる。見返りどころか、お金が出ていくばかりだ。それなのに、ゲームは楽しい。

なぜだ?

見返りがないのにおもしろく、見返りがないのにやめられない。「ゲーム性」という言葉を当時はまだ知らなかったが、ぼくがゲームのおもしろさの秘密について考え始めた、それが最初のきっかけだった。

1-02

どんなゲームで遊んできたか

一九六一年の夏に、ぼくは東京の下町で生まれた。生家があったのは千歳町といって、墨田区の南端で江東区と接しているあたり。そこに親戚が経営している運送会社があり、父はトラックドライバーとして雇われていた。ぼくら家族は、その会社のすぐ裏にある木造平屋の社宅を借りて住んでいた。すぐ隣にはお寺があり、台所の窓からは墓地が見えるような環境だった。そのため、お墓というものを怖いと思ったことはない。それどころか、その墓地はぼくにとって格好の遊び場でもあった。

子供なら誰でもやったであろう鬼ごっこは、もちろんぼくらも熱中した。ただ、フィールドとなるのが墓地だったので、その立地を生かしたアレンジが加えられている。

まず、寺の境内に生えていた無花果(いちじく)の木から実をもぎ取る。鬼役の子はそれを両手にひとつずつ握り、逃げていく仲間を追いかける。逃げる方は墓石の間を縫うようにしてジグザグに走る。そうやって鬼を撹乱するためだ。いま思えば『パックマン』のようでもある。

普通の鬼ごっこなら、仲間に追いついた鬼は相手の背中をタッチすればいいのだが、ぼくらの鬼ごっこでは、手にした無花果を投げつける。ということは、ルール的には『パックマン』というよりも、シューティングゲーム的だと言えるだろう。

　無花果を投げる際に、鬼は「い～ち～じ～く～三丁目～！」と叫ぶ。それがこの遊びの名前になった。ぼくらが住んでいたのは千歳二丁目だったのに、なぜ三丁目になったのかはわからない。

　もうひとつ、鬼ごっこのバリエーションには「たかたか鬼」というのもあった。

　こちらはフィールドにあるストラクチャーをより積極的に活かしたルールで、ゲームが始まったら鬼以外の人間は地面より高いところに上がっていなければならない。公園なら周囲の縁石や鉄の柵、シーソーやジャングルジムなどの遊具。墓場では墓石……の上にはさすがに乗らないが、墓所の周りを囲む石などには平気で乗っていた。そういった〝高いところ〟の上だけを渡り歩くから「たかたか鬼」。

　鬼は地面だけを移動して追いかける。逃げる側は高いところを渡っていられるうちはいいのだが、

■ 気分は鉄腕アトム

３歳のとき、父のトラックの荷台にて。七五三の写真を見てもブレザーにアトムの蝶ネクタイをしているから、『鉄腕アトム』が大好きな子供だったのだろう。

場所によっては向こう側への距離が開いていて飛び移るのが困難な場合もある。そんなときは地面に降りてもいい。ただし、鬼にとっては捕獲のチャンスだ。

鬼にタッチされた子は鬼とチェンジするのか、あるいは鬼が増えていくのか？　高いところでじっとしていれば永遠につかまることもないのに、なぜみんな移動を試みるのか？　いま思い返せばルールに疑問を抱きたくなるところは多々あるのだが、子供の遊びであるから適当に運用していたのだろう。『スーパーマリオブラザーズ』が世の中を席巻するのはこれよりずっと後のことだが、ぼくらは「たかたか鬼」でマリオにも似たアスレチック遊びの醍醐味を味わっていたのだといえる。


小学校時代に流行した遊びで、もっとも印象に残っているのはビー玉だ。ビー玉遊びなんてどこの地域の子供たちだってやっていたことだと思うが、下町の子供たちの遊び方はひと味違う。

ぼくの通っていた両国小学校のすぐ近くには、両国公園という大きな公園があった。放課後はその砂場に集まる。何をするかというと、砂で大きな山を作り、頂上から麓に向かってビー玉を転がすためのコースを設置するのだ。遊びの仕組みとしては『マーブルマッドネス』をイメージしてもらうと良いかもしれない。

コースは途中で分岐したりもするが、正しいゴールは1ヵ所。客がビー玉をひとつ転がし、見事ゴールまでたどり着けば、ビー玉は3倍になって帰ってくる。一種のギャンブル場だ。手先が器用でコース作りのうまい奴や、ビー玉をたくさん持っている資本家が胴元になった。ビー玉をあまり持っていないぼくらは客となり、なけなしの1個でゴールを目指し元手を増やそうとする。

いま思い返しても、あの両国公園の砂場のコースはすごかった。あの遊びを誰が最初に始めたのかは知らないが、最初はきっとシンプルなコースから始まったのだろう。それが回を重ねるごとにエスカレートしていったのだ。『2001年宇宙の旅』の冒頭、1匹の猿がモノリスに手を触れて、不思議な知能を授かる。その結果、獣の骨が道具になることに気がつき、獲物を狩る行為に技術革新をもたらす。ぼくらのビー玉遊びにも、それと同様のことが起こっていた。

スタート地点は山のてっぺん。ビー玉をひとつポンと転がす。日光のいろは坂のように作られたコースを、ビー玉はうねうねと蛇行しながら麓へ向かう。途中、コース幅が広くなったところがある。そこには点々と落とし穴が開いている。落とし穴といっても、そんな凝ったものではない。砂をならしたコース面に、ビー玉を半分ほどぎゅっと押し込んだ程度の深さのものだ。ところが、ゆっくり転がってきたビー玉は、けっこうな確率でその穴にスポンと嵌ってしまう。そうなったらアウト。ビー玉は没収される。

落とし穴のおもしろさに気がつくと、他の胴元も真似をする。たくさん開ければいいというわけではないし、穴の位置にもセンスが問われる。難しくしすぎたら誰もそのコースでは遊ばない。ようするにゲームバランスの問題だ。

コースは途中で何度も分岐している。袋小路もあるし、近道もある。コースの一部を削り取って、そこにアイスの棒で橋を掛けるギミックを考え出した奴もいた。2本の棒を平行に渡し、V字のように角度を付けてやれば、ビー玉は難なく橋を渡る。だが、このV字の角度を浅くすれば、ビー玉は橋から落ちやすくなる。谷底へ落ちたら即アウトでもいいし、あるいは谷底の下にもコースを作っておき、落ちることで逆に近道になる、なんてアイデアもあった。とにかく、コース作りの創意工夫が詰まっていた。

時期的には一九七〇年の前後くらいだろうか。あの頃の両国公園の砂場は、ゲームデザインの見本市のようだった。

小学校の高学年になると、ゲーム盤で遊ぶことが多くなった。まだテレビゲームなどというものはない。〈ゲーム〉と言えばアナログゲームのことだった。

思い出深いのは『バンカース』という周回型のボードゲーム。簡単に言えば『モノポリー』の亜流品だ。米国パーカー・ブラザーズの『モノポリー』が日本で発売されたのは一九六五年だから、ぼくが『バンカース』で遊んでいた頃にはもう『モノポリー』も日本に輸入されていたはずだが、そんな舶来のおもちゃを買ってもらえるほど我が家は裕福ではなかった。『モノポリー』が日本で正式発売される前に、米国版を模倣して作られた『バンカース』のほうが、当時の日本ではポピュラーなボードゲームだったのだ。

タカラ（現タカラトミー）の『人生ゲーム』も繰り返し遊んだ。これはさすがに覚えている人も多いだろう。いまでもまだ現役で売られている双六ゲームだ。コマとなる車に家族のピンを刺すのが楽しく、ルーレットを回したときの「カチカチカチ……」という音も懐かしい。ぼくが遊んでいた時代のバッドエンドは「貧乏農場」だったが、いまは「開拓地」に変わっている。

他にも、『魚雷戦ゲーム』『ダイヤブロック』といったあたりがお気に入りのおもちゃだった。『レゴ』はプラスチック素材の粘性が高く、着脱が容易で遊びやすいのだが、やはり舶来品なので高くて買ってもらえない。代わりに愛用したのが河田の『ダイヤブロック』だ。こちらは素材が固くて、カチッと嵌めると外れなくなることが多かった。少し遅れて任天堂が『N&Bブロック』という優れたブロック玩具を発売するの

■ N&Bブロック

子供時代には買ってもらえなかったが、フリーライターとしてそこそこ稼げるようになってからネットオークションを駆使して『N＆Bブロック』をいくつか買い集めた。貧しかった幼少期への復讐というやつである。

だが、すでに『ダイヤブロック』を買ってもらっている身で、そんなものを追加でおねだりするのは無理な相談だ。

同級生の中には、高級玩具の『電子ブロック』を持っている奴もいた。友達の家で何度か見せてもらったことがあるが、ぼくにはそれの何がおもしろいのか理解できなかった。のちにゲーム業界入りしてみると、子供の頃に『電子ブロック』で遊んでプログラミングを覚えました！ という人間がたくさんいて、なるほどあれを楽しめた人たちがプログラマーになるのか、と感心したものだ。

テレビゲームとの出会いについてはすでに書いた。最初は水元公園の休憩所。その次はイトーヨーカドーのゲームコーナーで遊んだ『フィールドゴール』（一九七九年）。これはアメリカンフットボールをモチーフにしているが、ゲームシステムは『ブロック崩し』の亜種のようなものだ。

それから金町駅近くのインベーダーハウス。おばあちゃんと仲良くなったところ。そこでたくさんの新作ゲームを遊び、ゲームを身近なものとして心に染み込ませていった。

高校を卒業して専門学校に進むと、流山線の小金城趾駅にあるマツモトキヨシでアルバイトを始めた。このときの上司にあたる社員さんがゲームバカで、仕事中でもずっとゲームの話をしていた。新しいゲームが次々に登場し、いまさらインベーダーの時代でもないというのに、「昨日、幸谷のインベーダーハウスで3万点出しちゃってさぁ」と、スコアの自慢ばかりしていた。アホかと思いながら、ゲームの話を楽しんでる自分もいたわけだけど。

『スペースインベーダー』にはハマりこそしたけれど、ぼくは王道のゲームにはあまり興味が持てなかった。『パックマン』は1回やってみて「自分には向いてないな」と思い、それ以来やっていない。根っからのひねくれ者なのかもしれない。

あの頃いちばん夢中になったのは、『リバーパトロール』（一九八一年）というマイナーゲームだ。左右移動のレバー1本とアクセルの役割をするボタン1個のシンプル操作で、溺れている人を救助していくゲームだ。他愛もないゲームシステムだが、なぜかこれが大好きで、カンスト（スコアがカウンターストップすること）までやりまくっていた。

その頃のぼくは、松戸駅の西口にある

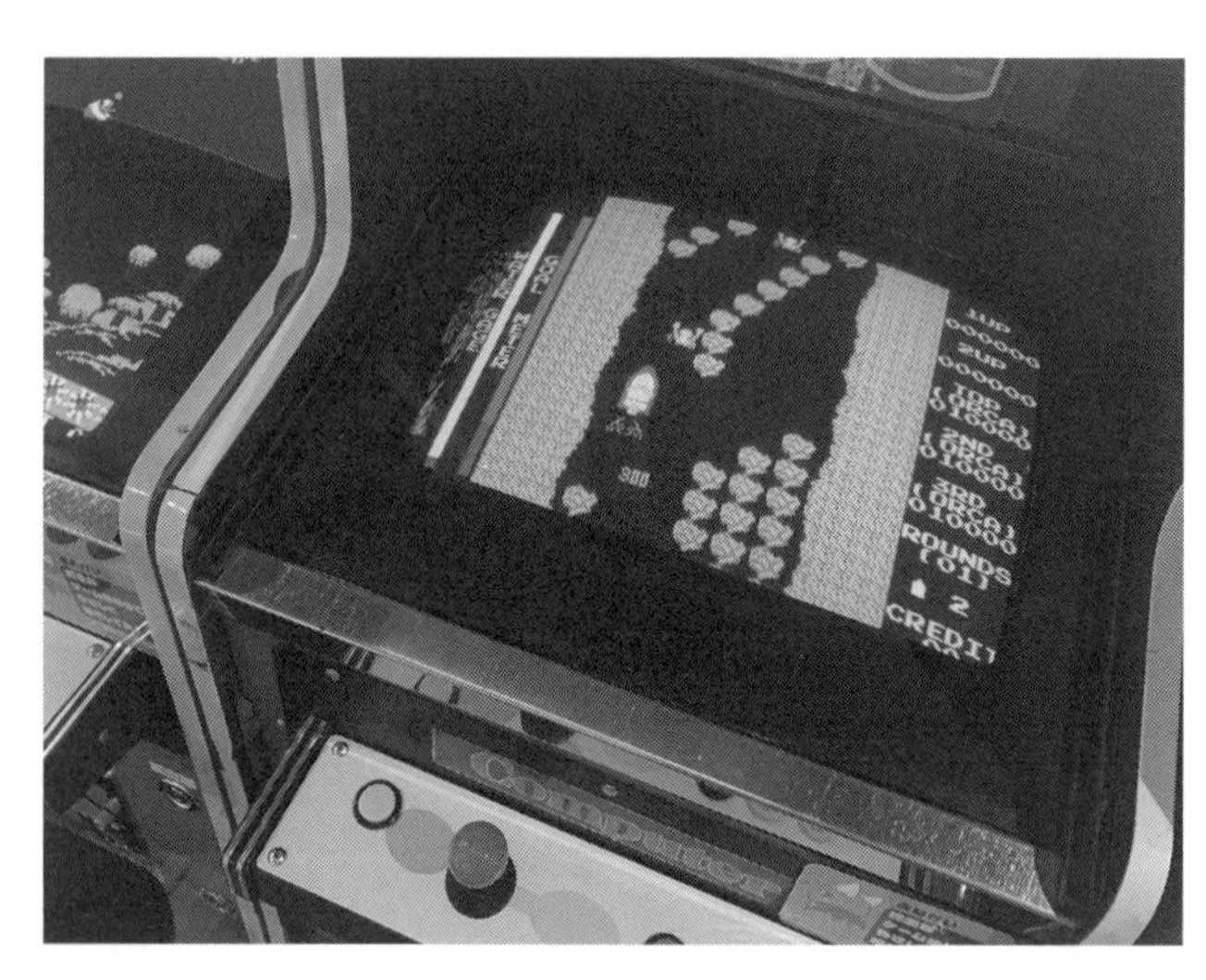

■ リバーパトロール
溺れている人を救助するためには、ボートを半身ずらして接触させてやる必要がある。真正面から人に触れると、轢き殺したことになってしまうのだ。

ゲームセンターに入り浸っていた。

あるとき『リバーパトロール』をやっていると、テーブル筐体の上にハンバーガーとコーラが置かれた。顔を上げると、両手にデカイ紙袋を提げた店長が、客全員にハンバーガーを配っていた。ゲームセンターが全盛期だった当時、他店に客を取られまいとして、店のオーナーはこのようなサービスに熱心だったのだ。逆に言えば、ハンバーガーをサービスしても余裕で元が取れるほど、ゲームセンターのオーナーは儲かっていたということでもある。

その店はかなり広く、話題のゲームはだいたい置いてあった。ぼくは実家住まいの専門学校生でアルバイトもしていたから、小銭ならいくらでもある。見たことないゲームには片っ端から百円硬貨を投入した。とはいえ、基本的にぼくはゲームがあまり上手ではないので、すぐにゲームオーバーになってしまう。よほど気に入ったものでない限りは、必死に攻略することもなく、簡単にあきらめる。だから、あの頃のゲームのことは広く知っているけれど、それぞれの内容については浅い知識しかない。

のちに田尻智と出会ったとき、彼はとても広くて深いゲームの知識を持っていることに驚かされた。この違いはなぜだろうかと疑問に思ったが、彼と昔の思い出話をしていて、なるほどと合点がいった。

田尻はぼくより４つ若い。ぼくが専門学校生で『リバーパトロール』に夢中になっていたとき、田尻はまだ中学生だった。小遣いも少ないだろうから無駄遣いはできない。けれど、三度のメシより大好きなゲームのことは、もっともっと知りたい。それで田尻はどういう行動に出たか。人のプレイを必死に観察したのだ。

そのゲームがどういうルールで、プレイヤーは何をすればミスになり、敵はどうやれば倒せるのか、ゲームをプレイしている客の後ろに立ってずっと観察した。

ゲームに飢えた少年の心に、あらゆるゲームのデータはするすると吸収されていった。ぼくが、のんべんだらりとコインを入れて、ぬるく遊んでいたのとはまるで態度が違う。ゲームへの接し方が真剣だった。天才・田尻はいきなり生まれたわけではない。丁寧な観察と濃密な研究の時間を積み重ねて、その天才性を醸成させていったのだ。

ぼくがもし、『スペースインベーダー』と出会ったのが高校生ではなく、田尻のように小学生のときだったら、ゲームと向き合うときの態度に違いが生まれていただろうか？　おそらく、そんなことはない。やはり小学生なりのバカさで漫然と遊んでいた気がする。ぼくはその程度の子供だった。

それでも、ぼくは付かず離れずゲームを遊び続けただろう。実際、ゲームはぼくの中で興味の対象として大きく膨れ上がっていった。その気持ちは遊ぶ側の立場でいるだけでは収まらず、やがてはゲームについて何かを書く側となり、さらには作る側にも身を置くようになっていく。

1-03

マンガ家という夢と挫折

いまでこそゲームクリエイターになるための職業訓練校（専門学校や大学でのコース）はたくさんあるが、ぼくが職業選びを迫られていた時代には、まだそんなものはなかった。ゲームを作るという仕事は、学生の進路上には存在しなかったのだ。

そんなぼくが最初に、なりたい職業として意識したのは落語家だった。どの落語家が好きだったとか、誰に憧れていたとか、そんなのはまだない。たかだか小学校の低学年だ。ザ・ドリフターズが大好きで、真似して冗談を言うとまわりが笑ってくれるのが嬉しかったから、漠然と将来は人を笑わす仕事に就きたいと思っていた。コメディアンなんて言葉はまだ知らない。芸人という言葉もいまのように一般的ではない。人を笑わす職業とは何かと考えたとき、真っ先に思い付いたのが落語家というだけのことだ。

変化が訪れたのは中学生になったとき。同級生の小島くんに貸してもらった『ワイルド7』（望月三起也）のコミックスに大変な衝撃を受けた。犯罪者を7人集めて白バイ警官のチームを作り、法では裁けぬ極悪人に死の鉄槌を食らわせるという設定。ストーリーは硬質で、テンポが良く、豪快なアクションと歯切れのいいセリフ。銃やメカの痺れる描写。ぼくが最初に受けたハードボイルドの洗礼と言ってもいい。なにより、それまで読んでいたマンガとは〝線〟がまるで違っていた。絵を描くことは小さい頃から好きだったが、生まれて初めて「こんな絵を描きたい」と思った。マンガ家になることを意識した瞬間だ。

自分で言うのもなんだが、ぼくは生まれつき図形観察能力には優れていたようで、模写をするのは得意だった。いくつかのマンガ雑誌のイラストコーナーに投稿して、かなりの掲載率を誇っていた。アメコミを日本語訳して出版していた「月刊スーパーマン」という雑誌では、イラストコーナーの常連投稿者になっていた。若き日の原哲夫さんと同時に投稿が掲載されたこともある。

だが、マンガ家になりたいと思っても、ぼくはお話が作れなかった。見よう見まねで絵が描けても、ストーリーを作るのはまったく別な能力が必要だ。それは当時の自分には欠けている部分だった。いや、画力にしても、お手本を模写することはできても自分の絵を生み出す

■ 投稿イラストコーナー

「月刊スーパーマン」では何度か入賞もしている。名前を間違えられているのはよくあること。得意だった点描で画力の低さを誤魔化しているが、原哲夫さんの絵はこの頃からデッサンが正確だったことが伝わってくる。

ことができていないのだから、マンガ家になどなれるわけがない。

さらに言えば、当時はマンガ家になるための方法も手探り状態だ。いまでこそ、描いたものをコピーしてコミケで売るとか、ブログやＳＮＳで発表するとか、自分の作品を人の目に触れさせる手段はいくらでもある。そこから注目を集めてプロデビューを果たすという例も珍しいことではなくなった。しかし、ぼくが中学生だった当時は、マンガ家になろうと思ったら雑誌の新人賞に入選するくらいしか道はなかったのだ。

冷静に自分の資質を考えれば、ぼくが目指すべきは赤塚賞だったと思う（もちろん赤塚賞のハードルが低いという意味ではない）。しかし、望月三起也作品に触れたことでストーリーものに心を奪われていたため、どうしても手塚賞を獲らなければならないと思い込んでしまった。大きな勘違いである。

中学から高校に上がっても、手塚賞を目指してマンガを描き続け……と言いたいところだが、ぼくの情熱はそこまで長続きしなかった。いまでこそ、ゲームのシナリオやマンガ原作を書くことも仕事にしているが、あの当時の自分には物語を着想し、それを結末まで導く能力がまるでなかった。プロットを立てることも、絵コンテを描くことも知らなかった。ただ思いついたアイデア一発を扉絵にするのが精一杯で、本編のない扉絵だけが机の引出しに何枚も溜まっていく。そして、高校を卒業する日が迫ってきた。

結局、ぼくはマンガ家になる夢をあっさりと捨て、次なる目標をイラストレーターへと切り替えた。イラストレーターならば、苦手な物語作りに頭を悩ませなくて済む。絵だけを描いていればいい。しかも、絵を描くにしてもマンガ家ほど動きのある絵が要求されることもないだろう。つまり、努力の幅がぐっと狭まるのだ。

イラストレーターの仕事に画力が無用であるはずもないことは、いまならわかる。当たり前の話。だが、15歳当時のぼくは楽をすることしか頭にない。少しでも低い方へ流れることばかり考えている濁り水のぼくは、イラストレーターという清流のような響きを持つ職業の可能性に飛び付いた。横文字でカッコイイうえに、マンガ家より楽そうだ——。まったく冗談も大概にしろと、いまさらながら思う。

イラストレーターという職業に憧れたのは、高校2年の夏に創刊(正確には、その2年前にアメリカで創刊された雑誌の日本版が刊行開始)された「月刊スターログ」を見てからだ。

SF映画への興味から手にした雑誌だったが、どんな記事よりも巻末の通販コーナーで紹介されている海外のイラストレーターたちの絵に魅了された。ファンタジーアートの第一人者ともいうべきフランク・フラゼッタ、大胆な色使いで宇宙船を描くクリス・フォス、幻想的なライティングが美しいリチャード・コーベン。大好きだったロックバンドKISSの『地獄の軍団』や『ラブ・ガン』のレコードジャケットを描いたケン・ケリー。どんな記事よりも、毎号掲載されている彼らのイラストに釘付けとなった。

この瞬間から、ぼくの目標はフラゼッタになった。望月三起也だってかなりの高望みだというのに、よりにもよって世界最高峰のデッサン力を持つ絵師を目標にするとは、無謀と言うしかない。だが、若さってのはなんだ？　振り向かないことだろう。宇宙刑事ギャバンもそう言っている。胸のエンジンに火が点いてしまった以上、どうしようもないのだ。たとえそのエンジンがポンコツだったとしても。

高校時代のぼくは、ヒマさえあればフラゼッタの模写をしていた。特徴は筋肉だ。自分自身は貧弱でも、絵の中でだけは筋骨隆々になれる。美術の授業だけでなく、家に帰って

■ フラゼッタ画集の表紙

最初に衝撃を受けたのは、この第２集の表紙にもなっている戦士のイラスト。この迫力ある構図にシビれた。他に特筆すべき点として、フラゼッタの描く女体はやけにエロくて、チェリーボーイにはたまんなかった。

からもデッサンの勉強を続けたが、なかなか限界を破ることができなかった。最初から理想を高く持ちすぎるのがぼくの悪い癖だ。描いても描いても、頭に思い描く完成形に近づけることができず、不満ばかりが募っていく。

当時の絵をここに掲載して皆さんに見てほしい気持ちがないわけではないのだが、あいにく母がすべて処分してしまったのでお見せすることはできない。とても残念なことである。

こりゃ、こっち方面はだめかもね、とぼくは再び人生の軌道修正を考え始める。そんなときに急浮上してきたのが、工業高校の製図の授業で学んだ「立体製図」だった。これは対象物を正面、側面、上面でとらえる三面図を複合して立体的に描く等角投影図法（アイソメトリック）のことだ。

ぼくの通っていた高校には実習のための大きな工場があり、旋盤もフライス盤もずらりと並んでいた。ガス溶接やアーク溶接の設備もあるし、鍛造のための溶解炉まであった。着替えるのが面倒だから、実習が終わった後も作業服のまま校内をうろついているような環境で、「どうせオレたち卒業したら工員だからよぉ」な気分が充満していた。したがって、製図を習うのも工員に必要な技能のひとつだからだと思っていたのだが、いろいろ調べてみるとそうでもないことがわかった。立体製図だけを専門に描く「テクニカルイラストレーター」という職業があるというのだ。やっと見つけた。「目指すべき道はこっちだ！」と思った。相変わらず変わり身が早いのである。

高校を卒業すると、蒲田にある日本工学院の立体製図科に進学した。一般的な専門学校は3年制か2年制が多いが、日本工学院の立体製図科は1年制だった。期間が短いというのも結果を急ぎがちなぼくにはうってつけだ。

立体製図科での成績は、自分で言うのもなんだが、かなり優秀だったのである。生まれながらの手先の器用さが存分に発揮され、ぼくの描いた図面は常に正確で美しい。担任には「富澤くんは遅刻さえしなければすぐプロになれるよ」と言われた。もう有頂天である。

不良ばかりの男子高校というのも、それはそれで楽しいものではあったが、専門学校時代はまるで天国のようだった。何しろ学んでいる内容は得意な立体製図だし、共学だから女の子もたくさんいる。学校帰りに仲良しグループで茅ヶ崎へ行ったり、男女4人ずつでドライブしたこともある。初めて1対1でデートをしたのもこの頃だ。ゲームなんかしている場合じゃないよ。

恋をしたり、失恋したり、ロックを聴いたり、映画を見たり、それなりに立体製図の勉強もしたりして、あっという間に1年が過ぎ去った。卒業したらいよいよ就職である。

この頃になると、ぼくにもかなり現実が見えていた。テクニカルイラストレーターは、夢に思い描いたような華やかな仕事ではない。鉛筆の粉とインクで指先を真っ黒にしながら、一日中製図台に向き合う職業だ。イラストレーターというより、職人に近い。そりゃあ、シド・ミードみたいなスーパースターもいるが、それはひと握りの天才だ。ぼくのような凡人は、まずは普通に就職して、プロの現場に立つこと。そうしなければ何も始まらない。

方向性の明確な技術職なので、就職はあっさり決まった。港区の魚藍坂にあるT技術協会という会社だ。なんとも地味な名前の会社だが、仕事としてテクニカルイラストレーションに取り組めることに、ぼくは満足だった。一九八一年の春のことである。

入社すると、ぼくはイラスト2課に配属される。この会社は、各種の工業製品の整備用マニュアルを制作しているところで、ぼくは某大手バイクメーカーの分解組立図を描くチームに組み入れられた。

メーカーが新しいバイクを発売する際には、全国各地の販売店に整備用マニュアルが配布される。プラモデルの組立図の、本物バージョンだと思ってもらえばいい。そこに記載されるイラストを描くのがぼくの仕事だ。望月三起也にはなれなくても、バイクの絵を描いて生活することができる。それはとても幸せなことだ。

入社してすぐに、仕事のお手本として先輩方が描いた図面を見せてもらったが、正直、拍子抜けした。線はガタガタで、線と線の接合も微妙にズレている。はっきり言って下手なのだ。これがプロの図面？　こんな程度でいいの？　これなら楽勝じゃん、と思った。

たとえば、図面をロットリングで仕上げる場合に、パーツの外形線は0・3ミリ、分割線やハイライトは0・15ミリの線で描き分けるのがルールだったとしよう。その場合、普通は0・3ミリと0・15ミリのロットリングを使い分けて図面を描く。当たり前のことだ。

ところが、ぼくはそんなルールには従わず、常に0・15ミリのロットリング1本で、すべての線を引いていた。これだと全体的に線が細くなるから、メリハリのない貧弱な図面になってしまうと思われるだろう。だが、ぼくの図面はそうはならなかった。

ロットリングは、口径が太いものほど線の起点と終点がボタって太くなりやすい。その現象は0・3ミリでも起こる。だから、0・3ミリと0・15ミリを使い分けると、その接合部で太さの差が目立ち、図面がガタガタに見えてしまう。学生時代からその現象が嫌いだったぼくは、0・15ミリのロットリング1本で太い線も細い線も描き分けるというテクニックを使っていた。簡単に言うと、0・3ミリの線は0・15ミリのロットリングを2往復させて描くわけだ。

他にも、ハイライト部分の線の〝抜き〟に気を使った。ロットリングの線は、引く手をピタッと止めるとそこでインクがボタる。だが、ハイライト（凸部分の線が光で飛んでいる箇所）を表現する線が、ボタっていてはみっともない。だから、線の引き終わりでスッと力を抜いて線を抜く。そうすると自然なハイライトが表現できる。このテクニックにも絶大の自信があった。あの当時、ぼくは社内でいちばん美しい線を引いていた。自分をロットリングの魔術師だと思っていた。

だが、会社組織というのは、そんなこだわりを必要としない。

取引先に提出する図面である以上、間違いがあってはいけない。パーツの形状を間違えるなんてもってのほかだ。図面の美しさも、それが取り扱い説明書としての機能性向上につながるのなら、ある程度は必要だろう。だが、アーティスト気取りで線の1本1本にこだわる必要はない。会社での仕事というのは、時間とクオリティとの兼ね合いだ。可能な限り短時間で、合格ラインに達するものを仕上げる。それによって利益は最大化される。

けれど、線の美しさにこだわるぼくは、見事なまでに仕事が遅かった。先輩方が3日で仕上げる図面を、ぼくは1週間もかけていた。それはすなわち会社の利益を損なっている。

いまなら、そんなことは当たり前だと理解できる。入社時に「こんな程度？」と感じた先輩たちの図面は、時間とクオリティとの兼ね合いを考えた場合、それがベストな解答だったわけだ。しかし、当時のぼくにはそれがわからなかった。

仕事が遅いことで会社から責められた記憶はない。上司から「もう少し早めに上げてね」くらいのことは

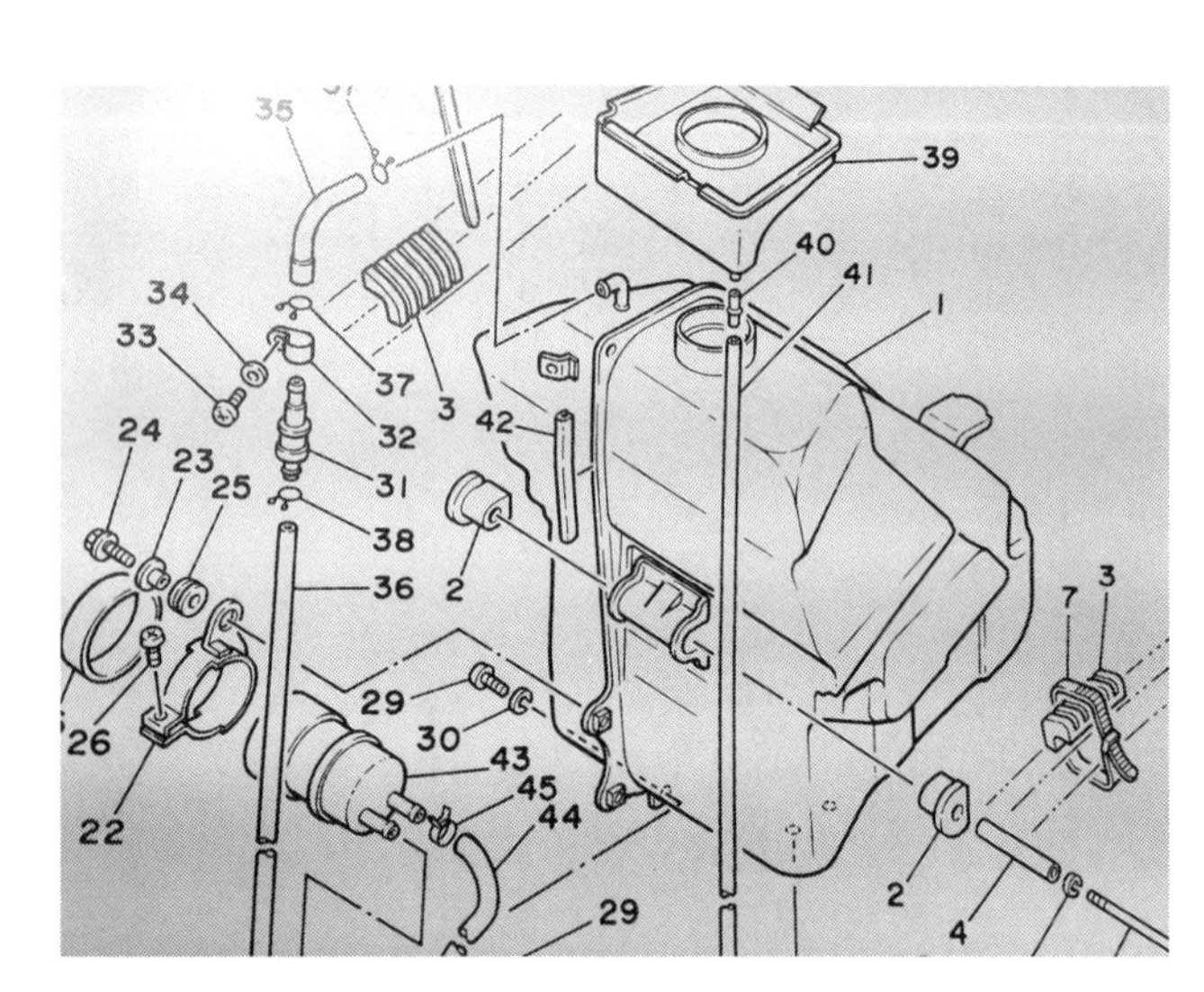

■ ロットリングの魔術師

自惚れていた時代の図面が残っている。ハイライトの線の抜き、パイプ類の自然なカーブ、ブラケットの厚み、ネジ山の均等さといったディテールに異常なほどこだわっていた。もちろん、会社はそこまで求めていない。

しょっちゅう言われていたが、だからといって担当を外されたり、部署を変えられたり、給料を下げられたりしたことはない。そういう意味ではとても居心地のいい会社だったのだ。ただし、線の美しさを褒められたことも一度だってなかった。

アーティスト気取りの勘違い野郎な自分を棚に上げて言うが、努力が評価されないのはやはり虚しいものだ。最初は天職だと思えたこの仕事に、ぼくはどこかのタイミングで見切りをつけてしまった。単なる仕事と、割り切ってしまったのだ。テクニカルイラストレーションはあくまでもメシを食うための手段。会社にいて、それなりの仕事をしていれば、それなりの給料をもらえる。それでいいじゃないか。ゆくゆくはシド・ミードのようなイラストレーターに……なんて夢を見てもしょうがない。会社でそこそこの絵を描きながら、おもしろおかしく生きればいい。

そう開き直っていたぼくに、あるとき転機が訪れた。

1-04

よい子に惹かれて私は……

ぼくは元々は〝絵の人間〟だった。マンガ家を目指し、イラストレーターを志した。いずれにせよ、絵を描くことでメシを食っていくのが理想だった。実際、最初の就職では限りなくイラストレーションに近いものを職業にすることができた。

その一方で、文章を書くことはとても苦手だった。そもそもマンガ以外の活字の本を読むのが好きではなかったので、文章を上手に構成する力も身に付いていない。学校の宿題で読書感想文を書けなどと言われると背筋がゾッとした。

まず、課題図書を読むのが辛い。『クオレ物語』『リンカーン伝記』『チップス先生さようなら』……こんなもんドコがおもしろいんだ。必死に文字を目で追い、なんとか最終ページまで読み通しても、最初の方のことなんかすぐに忘れてしまう。それでも宿題はやらなければならないので、嫌々ながら作文用紙を広げて課題図書のタイトルを書く。だが、その次に何を書けばいいのかがわからない。「リンカーンのアブラハムという苗字は、とてもおいしそうだと思いました」おれはバカなのか。

そんな自分が、一冊の文庫本と出会って文章を書くことに興味を持った。就職して朝夕の通勤電車に乗るようになったとき、ほんの気まぐれで西村寿行の冒険小説『風は凄愴(せいそう)』を駅の売店で買ったのだ。

西村はハードバイオレンスの巨匠で、初期の作品には動物の孤高の生き様を主題にした作品が多い。ぼくが最初に手に取った『凩は凄愴』も、強盗犯と最後のニホンオオカミと、それを追う元警察官らの死闘を描いたものだ。

何日もかけてのんびり読むつもりで買った『凩は凄愴』だが、あまりのおもしろさでページを繰る手が止まらず、その日のうちに読み終えてしまった。小説なんてそれまでは大藪春彦の一連の作品と横溝正史を数冊しか読んでこなかったぼくにとって、西村の小説は脳に染み込むようだった。

とはいえ、西村に感化されてすぐに何かを書いてみようと思ったわけではない。小説どころか、自分に文章が書けるとも思っていなかった。他人が書いた気持ちいい文章を読んでいるだけで十分だ。それでも、このときの読書体験が心の奥底に何かを芽生えさせていたのだろう。自分の中にある表現欲求を実行する手段が、無意識に「絵」から「文章」に変わり始めたのだと思う。

そんな心の変化に自分で気づくこともなく、ぼくはいつものように会社でロットリングの清掃をしていた。0・15ミリのロットリングは先端のニードルも極端に細く、清掃するにも気を使う。水に浸けたロットリングを分解して、溶け出したインクをティッシュで拭う。心を無にするひととき。カコーン。空想の鹿威し(ししおど)が鳴る。

ところが、その瞬間、脳内に思いがけないメロディーが蘇ってきた。

♪ハフハフホンホン、フハホヘ、ハホフホヘ〜

あれ？　これってなんだっけ。

何度もそのメロディーを反芻するが、歌手名も、曲名も思い出せない。非常にもどかしい思い。

結局、その場では誰の何という曲だったか思い出せなかったが、家に帰って母にそのメロディーを鼻歌で聴かせてみた。

うちのカーチャンはすごいね。「それは森山加代子の『白い蝶のサンバ』だよ」って即答した。言われてぼくもすぐに思い出した。『8時だよ全員集合！』のゲストで歌っているのを聴いて、えらく気に入っていたあの曲だ。

♪あなたに抱かれて、わったたっしっは、蝶になる〜

これを本人の歌唱でもういちど聴きたいなあと思っても、当時はユーチューブもなければ、インターネットもない。そもそもパソコンだってまだ一般的ではない時代だ。どうすれば聴けるのか。どうすればレコードを手に入れられるのか。その方法がわからない。おまけに、レコードを買おうにも世の中はロックやニューミュージックの全盛期で、歌謡曲のようなダサいものは市場からほぼ消えていた。

ところが、そんな時代だからこそなのか、ロックへのカウンター的に懐かしの歌謡曲をおもしろがる風潮が、ごく一部から巻き起こりつつもあった。

いま『タモリ倶楽部』でいちばんの人気コーナーといえば「空耳アワー」だが、それが始まる前は「廃盤アワー」といって、廃盤となった懐かしの歌謡曲をかけるコーナーだった。そのコーナータイトルから、こうした懐かしの歌謡曲全般が「廃盤歌謡」と呼ばれるようになっていた。

あるとき、その「廃盤アワー」を見ていたら、番組最後に廃盤レコードの提供元として「えとせとら」という店の名前がクレジットされていることに気がついた。そこは廃盤歌謡曲専門の中古レコード店で、京浜東北線の蒲田に店を構えているという。蒲田といえば、ぼくが製図の専門学校に通っていた街じゃないか。

翌週の月曜、ぼくは会社を定時で退社すると、蒲田にあるえとせとらを訪ねた。そして、これは本当に奇跡のような出来事なのだが、初訪問したえとせとらレコードで、ぼくは膨大な在庫を必死に漁ったりすることもなく、あっさりと目指す『白い蝶のサンバ』を手に入れることができた。なんと、ドアを開けて入店したすぐ目の前の壁に、当の『白い蝶のサンバ』が飾ってあったのだ。

このとき、レコード以外にもうひとつ一緒に買ったものがある。それが歌謡曲評論ミニコミの「よい子の歌謡曲」だった。

「よい子の歌謡曲」は、ロック評論のように

■ 白い蝶のサンバ
タイトルに反して曲はサンバ調とは言い難いが、阿久悠作詞、井上かつお作曲で、寺川正興のベースがブンブン唸る大名曲。森山加代子は2019年没。

歌謡曲やアイドルを評論することを試みた画期的な雑誌だった。『白い蝶のサンバ』のレコードを手に入れられた喜びは大きかったが、「よい子の歌謡曲」との出会いはそれとは比較にならなかった。こんなにおもしろい雑誌があったのか！

ぼくが最初に手にしたのは、一九八一年十二月発行の第8号だ。表紙は伊藤つかさと柏原芳恵と松本伊代の似顔絵。ページをめくると、ロットリングによる小さな手書きの文字がびっしり並んでいる。もう、その瞬間からアイドルへの並々ならぬ熱意が伝わってくる。

■ よい子の歌謡曲

ぼくが最初に手にした第8号。表紙イラストを描いている中西裕くんは、のちにマンガ家・イラストレーターとしてデビューする（現在のペンネームは中西ヒロシ）。

大藪春彦も西村寿行もいちおうは小説――フィクションだから、活字が苦手なぼくでも趣味が合えば入り込みやすい。ところが「よい子の歌謡曲」に掲載されているのは、まがりなりにも評論だ。そんな難しそうなものが、こんなにスルスルと読めていいのか。しかも、どこを取ってもおもしろい。軽妙な文体でありながら、ときどきアイドルの本質をえぐってくる鋭さ。難解な哲学用語を散りばめながらも語っているのは河合奈保子のことだったりするギャップ。たのきんトリオなどの男性アイドルを男性ライターがキチンと論じているところにも好感を持った。この雑誌は、アイドルというものへの向き合い方にためらいがない。ページをめくるたびに感心した。

ぼくは、このとき切実に「ここに混ざりたい」と感じた。まだライターという明確な目標を持ったわけではなかったし、音楽評論をやろうと思ったわけでもなかったが、この編集部に行けば、とりあえず何か自分の人生の道がひらけそうに思えた。絵に挫折した自分の中にある別の何かが、形をともなって目の前に現れそうな気がしたのだ。

1-05

見切り発車でライターに

「よい子の歌謡曲」は商業誌ではない。アマチュアたちが作っているただの同人誌だから、編集部へ電話をかけてひと言「遊びに行きたい」と伝えれば、きっと歓迎してくれたことだろう。だが、当時のぼくはそれを良しとしなかった。まだ何の実績も積んでいない一読者が、神聖なる編集部に足を踏み入れてはいけない。編集部に遊びに行くのは原稿が掲載されてから。そんなふうに思っていた。

しかし、原稿が掲載されてからって、いったい何を書けばいいのか？

『よい子の歌謡曲』には様々な原稿が載っているが、読者からの投稿を受け付けているのは、新譜レコードを論ずる「レビュー」と、歌謡曲やアイドルをテーマにしたエッセイの「プチよい子」、それと題材すら決まっていない「自由原稿」の3つだ。

どれを書いてもいいのだが、宿題以外で文章を書くことなど初めてのぼくにとって、プチよい子や自由原稿はいかにもハードルが高い。だから、まずはテーマの明確なレビューを書くのがいいだろう。これなら自分が好きな曲のことを書けばいいし、文字数も約700文字と少ない。いや、少ないといっても400字の読書感想文に四苦八苦していたような自分には十分多いのだが……。

レビュー対象とするレコードのセレクトには、慎重に取り組んだ。松田聖子や小泉今日子、松本伊代、早見優、中森明菜といった人気アイドルのレコードは、誰のレビューが掲載されるか争奪戦になることが予想された。そこへぼくごときが入っていけるはずがない。ならば、その隙間を狙ってやろう。編集スタッフや常連投稿者が絶対に選ばないような、はっきり言えば「マイナーな」アイドルを題材に選べばいいのだ。

最初に書いたのが誰の何という曲だったかは、もう覚えていない。とにかく「よい子の歌謡曲」に掲載されている先輩たちの原稿を何度も何度も読み込んで、その〝感じ〟を頭に叩き込んだ。ぼくは先輩たちのように幅広い音楽知識があるわけでもなければ、深い洞察力も持ち合わせていない。文章のテクニックなど端からない。それでも投稿を採用してほしくて、必死に先輩たちのノリを模倣した。

一般的に同人誌というのは締め切りにルーズで、刊行予定が遅れがちなイメージがある。ところが「よい子の歌謡曲」は、意外なことに刊行ペースが早い。試しに第8号から第27号までの20冊を調べてみると、ほ

■ 中野メゾン
ここの2階に「よい子の歌謡曲」編集部があった。新刊が刷り上がってくると6畳ひと間の狭いアパートに運び込まれ、足の踏み場もなくなった。窓からは堀越学園が見えた(意図的にそういう物件を探したらしい)。

ぼ2～3ヶ月おきに刊行されていることがわかる。月刊誌、週刊誌が当たり前な商業出版の世界からすれば、2ヶ月に1冊などスローペースもいいところだが、同人誌でこれはずいぶん成績優秀だ。

第8号を読んで「よい子の歌謡曲」に憧れ、悩みに悩んで書いた原稿を投稿する。第9号の〆切りには間に合わなかったので、たとえ採用されたとしてもそこに載るはずがない。第9号からさらに2ヶ月後に刊行された第10号を開いてみるが、ぼくの原稿は載っていなかった。すぐに頭を切り替え、次の原稿を書く。こんどは〆切りに間に合った。ところが、第11号にもぼくの原稿は載らなかった。そしてまた、次の原稿を書く。そんなことを繰り返した末に、ようやくぼくの原稿が掲載されたのは第13号。最初に第8号を手に入れてから、18ヶ月が経過していた。

いまのぼくは、いわゆる〝サブカル〟と称される界隈の人間として認識されている。その言葉で括られるのを嫌がる人もいるようだが、ぼくはそのことに抵抗を感じないし、むしろありがたいとすら思っている。なぜなら、自分も早くそこへ行きたいと願っていたからだ。

学生時代にぼくが好んで読んでいた「面白半分」「ウィークエンドスーパー」「写真時代」「ビックリハウス」「宝島」「ポンプ」といった雑誌は、いまではサブカル系に分類されるものばかりだ。そこに書かれている記事やコラムをおおいに楽しみ、書いている人たちに憧れた。当時はライターなどという職業があることは知らなかったが、こういう場所で活躍する人になりたいとも思った。何をどうすればなれるのかもわからないままに。だからいま、自分がそういう立場に置かれているのは、とても光栄なことだと感じている。

ぼくがその道へ入るきっかけとなった「よい子の歌謡曲」もまた、間違いなくサブカルの黎明期を築いてきたメディアのひとつと言える。

70年代の終わりから80年代の頭にかけての歌謡曲、なかでもアイドルポップスは、音楽界において不当な扱いを受けていた。歌謡曲はカビの生えた音楽だ。歌唱力の劣るアイドルなんて子供に任せておけ。いま聴くべきはロック、あるいはニューミュージックだ——。

そういった風潮へのカウンターとして「よい子の歌謡曲」は登場した。

ここで「よい子の歌謡曲」創刊号に掲載された、梶本学編集長の言葉を引用しておこう。

とにかく巷には歌謡曲という音楽があふれている。ところが何故か歌謡曲専門誌はひとつもない。ぼくらは、音楽評論家も芸能評論家も信用しないし、歌謡曲を必要としない文化人たちの歌謡曲論にもギャップを感じる。

もう黙っちゃいられない。歌謡曲を語るのは、本来歌謡曲が大好きな僕たち歌謡曲ファンがやるべきことなのだ。

なんと力強い宣言だろうか。ぼくは創刊号をリアルタイムで手にしたわけではないが、のちに「よい子の歌謡曲」のスタッフとなってから創刊号を読ませてもらい、編集長の言葉に込められた〝歌謡曲を引き受ける決意〟に、いたく感動したものだ。

ともかく、無事に投稿が掲載されたぼくは、編集部へ遊びに行くことになった。最初は恐る恐るの訪問だったが、なぜか居心地がよくてすぐに馴染んでいった。勤務先のある魚藍坂から編集部のある中野坂上までは決して交通の便が良いとは言えないが、それでも気がつけば毎日のように編集部へ顔を出し、やがて週末は泊まり込むまでになっていた。

「よい子の歌謡曲」としての活動を続けるうちに、フリーライターという職業があることを知る。簡単に言えば、どこの出版社に属することもなく、雑誌の記事制作をフリーランスで請け負って原稿を書く職業のことだ。「よい子の歌謡曲」の先輩たちが、様々な雑誌にアイドルや歌謡曲に関するコラムを書いていたのも、世間から見ればフリーライターとしての活動だろうし、当時はえのきどいちろう、板橋雅弘、杉森昌武、押切伸一といったキャンパスマガジン出身のフリーライターたちが台頭してきた時期でもある。彼らの仕事ぶりを見て、ぼくが目指すべきはそこだとも思った。

「よい子の歌謡曲」のスタッフになり、その制作や配本作業を手伝うようになると、その周辺にいる人たちとも交流が生まれるようになった。

最初に仲良くなったのは、サブカル同人誌の「東京おとなクラブ」の面々だ。編集長のエンドウユイチさん、発行人の中森明夫さん、スタッフの石丸元章くん、同じく矢野守啓くん(のちの宅八郎)。この中でも、エンドウさんから受けた影響は非常に大きい。詳しくは後述するが、いまでもぼくは彼を師と仰いでいる。

他に、当時話題のミニコミとして慶応の学生が作っていた「突然変異」という変態雑誌があった。変態というのは比喩でもなんでもなく、世間のモラルなどどこ吹く風の危険な雑誌だった。代表を務める青山正明さんは自分がロリコンであることを公言し、ドラッグカルチャーにも精通し、マスコミではアンタッチャブルとされている題材を平気でおちょくる。そんな雑誌を作っているのだから最悪なド変態かと思ったが、実際に会ってみるとハンサムで物腰の柔らかな優しい人だった（後年にはドラッグのやりすぎによるものか精神に失調をきたし、自ら命を絶ってしまったが……）。

■ 当時のミニコミ類

「よい子の歌謡曲」には自分の稚拙な原稿が載っているので、いまさら読み返したくはないが、「東京おとなクラブ」「リメンバー」「突然変異」の3誌には愛着があり、いまでもときどきページを開くことがある。

歌謡曲ミニコミの三羽烏としては、現役のアイドルを取り上げる「よい子の歌謡曲」と並んで、デビュー前の女の子を専門に扱う「あいどる倶楽部」、引退後の歌手と楽曲を中心に論ずる「リメンバー」があった。「リメンバー」代表の高護（こうまもる）さんからも、ぼくは大きな恩を受けている。なにしろ、「よい子の歌謡曲」の執筆者とはいってても単なるアマチュアでしかなかったぼくに、初めて商業出版の原稿仕事を依頼してくれたからだ。

あれは一九八三年の秋だったと思う。突然、高さんから電話がかかってきて、「歌謡曲のシングル盤のジャケット写真を並べたムック本を作るから、キャンディーズとピンクレディーの項目を執筆してほしい」と言われたのだ。なぜ、ぼくに白羽の矢が立ったのかは、いまでもわからない。おそらく「よい子の歌謡曲」誌上でグループアイドルが好きだと公言していたからだろう。

フリーライターになりたいと願っていたぼくは、二つ返事で引き受けた。しかし、引き受けてから激しく後悔することになる。なぜなら、ぼくはキャンディーズにもピンクレディーにも格別な思い入れがあるわけではなく、彼女らを論じるほどの知識もなかったからだ。ただ、ただ、プロのライターになりたいという己の願望だけで、そんな大役を引き受けてしまった。

慌てて彼女らのレコード盤を買い集め、原稿の手掛りを得ようと何度も聴いてみた。だが、何もアイデアが思い浮かばない。刻々と迫る締め切り。覆水、盤を返さず！

結論を言えば、締め切りまでになんとか原稿をでっち上げ、高さんのチェックも通過して、ぼくの原稿は採用された。ムック本も予定通りに出版された。そのときは、それで満足したことは間違いない。だが、所詮は付け焼き刃で書いた文章である。出版後、何度か読み返すうちにあちこちのアラが気になり、自分の書いたものが自分で嫌になった。その『ザ・シングル盤』と題する本に掲載されたぼくの商業デビュー作である「キャンディーズ&ピンクレディー」は、いまでは回収して燃やしたい原稿のナンバーワンである。

さらに残念なことには、その本の版元である群雄社出版は『ザ・シングル盤』の出版直後に倒産してしまった。だから、ぼくはデビュー作の原稿料をいまだに受け取っていない。

そんな最悪の船出からスタートしたライター稼業だが、会社に勤めながらであれば、それほど心配することもないの

■ ザ・シングル盤

古本で見つけるたびに購入し、現在、手元には３冊ほどある。遺書には娘に宛てて「父が死んだらこれを燃やせ」と書いておくべきだろうかと真剣に思う。

だろう。昼は会社で仕事をして生活費を稼ぎ、平日の夜や週末にだけライター仕事を続ける。そうして着実に経験を重ねていき、原稿料収入が会社での給料を上回ったあたりで、独立することを考えればいい。

だが、思い出してほしい。ぼくはすぐに低いところへ流れようとする濁り水だということを。フリーライターという楽しそうな生活への道がひらけたのに、それを我慢して会社勤めなどしていられるだろうか！

そんなわけで、一九八五年の十二月二十七日。ぼくは5年ほど勤めたT技術協会を退職した。富澤昭仁はテクニカルイラストレーターに見切りをつけ、この日からフリーライター・とみさわ昭仁となったのだ。

1-06

食えないフリーランス

フリーライターなんて誰にでもなれる。自らそう名乗って名刺を作ればいい。問題は仕事があるか、ないか、の違いだけだ。

まあ、ないよね。昨日まで無名の製図屋だったぼくに、出版社から原稿の依頼など来るわけがない。ただ一度『ザ・シングル盤』というムックに原稿を書いたけれど、小さな出版社なので発行部数は少ないし、出版直後に倒産したので、ほとんど人の目にも触れていない。

そんな人間がフリーライターとしてやっていくための唯一の足掛かりは、「よい子の歌謡曲」しかない。

「よい子の歌謡曲」では、前述した「宝島」の他に、先輩たちが各種の雑誌で歌謡曲やアイドルに関するコラムを書いていた。ぼくもスタッフとして活動するうち、そうした雑誌や編集者たちとのつながりが、わずかばかりできていた。

そのうちのひとつが、普段はスカトロ雑誌などを出している三和出版の「写真探偵団」だった。

これは、当時のエロ出版社がこぞって出していた投稿写真雑誌のひとつで、他社からは「投稿写真」「ＳｕｇＡＲ」「熱烈投稿」といった類似誌が出ていた。これらはアイドル雑誌を出版したくても芸能界とのコネクションがない会社（だってエロ出版社ですから）が、「投稿」という名目で読者からアイドルの生写真を集め、それを掲載することでアイドル雑誌っぽいものを無理やりでっち上げたものだ。しかも、掲載されているのはただのアイドル写真ではない。新曲発表会などで歌うアイドルのスカートが、風に煽られフワリとめくれ上がったその一瞬をカメラ小僧がとらえたもの――すなわちパンチラ写真なのだ。読者は大喜びである。当然、そんなものを芸能事務所が許可するはずもないが、あくまでも読者の投稿、アマチュアカメラマンたちの作品、という言い訳で逃げ切っていた。

それでも、どういうルートで許可を得ていたのか、まれに正式なアイドルの写真を表紙に使っていたり、アイドルのインタビュー記事を載せているものがあった。「写真探偵団」もそんな雑誌のひとつだ。

「よい子の歌謡曲」を通じて知り合った編集者からの依頼で、ぼくは「写真探偵団」にコラムの連載を始めた。タイトルを「肉体的欠陥別アイドル分類法」という、いま思い出してもひどい企画だが、それ以外にもB級アイドルのインタビューを何度かやらせてもらった。いまB級と書いてしまったのでここに具体的な芸名を記すのは憚られるが、あまり売れてないアイドルはお高く止まっておらず、性格のいい娘が多いので楽しい仕事だった。

「ａｎ（アン）」というアルバイト情報誌がある。かつては『日刊アルバイトニュース』という誌名だった。日刊だから毎日刊行されているが、更新されるのはアルバイト情報のページだけで、巻末のコラム欄は週刊単位で同じものが流用されていた。そのコラム欄を編集していたのが、元「漫画ブリッコ」の編集者・小形克宏氏だった。そこでは「よい子の歌謡曲」発行人の加藤秀樹くん（現在の筆名は宝泉薫）や石丸元章くんらがコラムを書いており、ぼくも執筆陣に加えてもらうことができた。いまでも続けている珍レコードの蒐集をネタにしたり、以前の職業（テクニカルイラストレーター）を活かして建築物のイラストを描かせてもらったりもした。

一度だけ、「突然変異」の青山正明さんから原稿を依頼されたこともある。ぼくの「肉体的欠陥別アイドル分類法」を読んで、それのもっと過激なやつを書いてほしいと言うのだ。

田町の喫茶店で会った青山さんは、口を開くなり「アイドルだけど実は奇

■ 建築物のイラスト
かつて内幸町にあった、旧・日比谷ダイビル。壁面のテラコッタが特徴的なネオゴシック様式のビルだった。1987年の建て替えの際、それを紹介する記事に全容の写真を載せようとしたが、正面の道路幅が狭く写真が撮れない。そこで、ぼくが現地に赴いて各部のディテールをスケッチしてきて、それをイラストに起こした。

形とか、そういうネタはないっスかねー」と笑顔で言い放った。こちらも「双子のリ●ーズって本当はシャム双生児だったけど切り離しに成功したんですよね」とか、いい加減なことを言ってパスを返した。たしかSM雑誌の「サバト」か、スカトロ雑誌の「フィリアック」のどちらかに載せるためのものだったように記憶しているが、刷り上がった雑誌をもらっていないので確認のしようがない。数年前、サブカル雑誌を研究しているばるぼらくんにその話をしたら、「現物で確認したけど載ってませんねえ」と言っていた。そんなもんまで持ってるのかよ！

ゲームとは無関係の話が続いて、それを期待している読者の皆さんはヤキモキしておられるかもしれない。だからというわけではないが、三和出版のとある新雑誌で、ぼくが加藤秀樹くんとゲームブック企画のページを構成したときのことを書いてみよう。

ゲームブックとは何か？　ゲームの黎明期の話を求めてこの本を読んでいる人にそれを説明する必要はないと思うが、簡単に言えば「読者の選択によって物語の展開や結末が変わる小説」だ。通常は文庫本の形式で発表されるが、ぼくらが手がけたのは雑誌上での企画だから、ゲーム〝ブック〟ではない。パラレル小説、とでも呼べばいいだろうか。

編集者曰く、「南野陽子主演のテレビドラマ『スケバン刑事Ⅱ 少女鉄仮面伝説』のスチール写真がまとめて手に入ったので、それを図版がわりに使って8ページほどの企画をでっち上げてほしい」とのことで、そんな依頼に応えた仕事だ。考えてみれば、これがぼくの初めての「ゲーム作品」と言えるかもしれない。その雑誌もいまは手元になく、どんな内容だったかほとんど忘れてしまったが、悪の秘密結社のボスに石丸元章の名をもじって「イシマール」と命名したことだけは覚えている。

他に、プリンスのそっくり芸人として売り出し中だった銀四郎がラジオ日本（JORF）でやっていた番組に、インディーズロックの評論家として出演したこともあった。評論家といってもたいしたことを喋るわけでなく、集めていたインディーズのレコードをオンエアするだけだ。2回出演して、初回のゲストはKENZI&TRIPS。2日目のゲストは有頂天のケラさんだった。

■ 銀四郎

銀四郎がいかにプリンスにそっくりだったかをお見せしたくともネットに情報がない。でもご安心ください。コレクターのぼくは、当時もらったラジオカードをちゃんと保存してあるのです！

その銀四郎さんからの紹介で、内山田洋とクールファイブのアルバム曲の作詞コンペに参加したこともある。ボーカルの前川清をはじめ、あのグループにはコミカルな要素が匂っているのを感じていたので、アルバムの1曲くらいはコミックソングがあってもいいだろうと、焼肉屋を舞台にした失恋ソングを書いて提出した。タイトルは忘れてしまったが、「こぼれた涙が炭火に焦げる」とか「今夜は許して迷い箸」とか、そんなフレーズを歌詞に盛り込んだ。当然のことながら、その詞がコンペを通過することはなかった……。

いま振り返ってもロクな仕事をしていないな。一九八三年にライターデビューして、その二年後に専業となるまで、ここに記した程度の仕事しかしていないのだから、ヒマでヒマで仕方ない毎日だ。実家に住んでいるから飢え死にすることはないが、金がないのでどこかへ遊びにも行くこともできない。

そんな、時間だけはいくらでもあるぼくの前に現れたのが、ファミリーコンピュータ(通称:ファミコン)だった。

第2章
ゲーム
生活の
始まり

2-01

ファミコンが買えた！

ファミコンが発売されたのは、一九八三年の七月十五日だ。それまでにも、家庭のテレビにつないで遊ぶゲーム機というのは存在した。国産のものだけに限ってみても、「テレビテニス」（一九七五年／エポック社）、「カラーテレビゲーム15」（一九七七年／任天堂）、「ＴＶ ＪＡＣＫ」（一九七七年／バンダイ）、「カセットビジョン」（一九八一年／エポック社）などがある。こうした製品の流れの上にファミコンの登場がある。

ファミコンといえば、あまりの人気で品薄になり、おもちゃ屋や量販店には毎週行列ができたというイメージがあるが、発売直後はそこまで世間の注目を集めるようなものではなかった。ただ、それ以前の製品と比較すると、ゲーム機としての性能は格段に優れていた。さらに、同時発売のソフトにはゲームセンターで人気のあった『ドンキーコング』や『ドンキーコングJR.』（ともに任天堂）がラインナップされており、ゲームセンターにあるのとほぼ同じ内容のものが家で遊べるというのは、大きなアドバンテージとなっていた。

翌年には、やはりゲームセンターで絶大な人気を誇っていた『ゼビウス』（ナムコ）がファミコンに移植され、その知名度を一気に引き上げることとなった。

そして、ファミコンブームの決定的な引き金となったのが、一九八五年に任天堂から発売された『スーパーマリオブラザーズ』だ。

悪者クッパにさらわれたピーチ姫を救出するため、配管工のマリオがアスレチック性に富んだコースを駆け抜けていく。そのスリルに満ちたアクションのおもしろさは多くの人を惹きつけ、『スーパーマリオブラザーズ』のソフトは市場でも品薄になっていった。ようやく小売店に入荷しても無条件で買えることは稀で、良心的な店でも抽選販売、悪質な店では不人気ソフトとの抱き合わせ販売が横行した。

さて、一九八五年といえば、ぼくが会社を辞めてフリーライター専業になった年だが、そんなある日。高校時代からの友人である遠山という四角い顔の男が、ファミコンを持って遊びに来た。

製図会社に勤務していた頃はそれなりにゲームもやっていたが、フリーライターになってからのぼくはすっかりゲームとはご無沙汰していた。忙しいからではない。単に金がないからだ。したがってファミコンも、そういうものがあることくらいはテレビのCMで知っていたが、現物を見たことはない。もちろん『スーパーマリオブラザーズ』についてもだ。しかし、遠山はブームが起こる前に買っていたのだろう。目ざとい奴だ。彼がバイクの荷台にくくり付けてきた紙袋には、ファミコン本体と『スーパーマリオブラザーズ』のゲームソフトが入っていた。初めて見るファミコンの実物は、遠山の顔にそっくりだった。

言われるまま機械をテレビにつなぎ、ゲームのカセットを本体にセットする。パチンと電源を入れ、遊んでみる。最初は何をどうすればいいのかわからず、キノコやカメに殺されてゲームオーバーになっていたが、次第にぼくは夢中になっていた。とにかく前へ進めたい。先の景色が見たい。一度失敗した箇所も、何度か繰り返すうち少しずつ上手くなっていき、いつかは必ず乗り越えられる。絶妙なゲームバランス。なんという中毒性か。

「とみちゃんなら絶対ハマると思ったよ」

高校時代は、よく一緒にゲームセンターに通っていた仲だ。ぼくがゲームに飢えていたことを、遠山は薄々気づいていたのだろう。

夕飯の時間になり、彼はファミコンを持って帰ろうとしたが、ぼくはそれを引き留めた。頼む、持って帰るな。ひと晩だけでいいからそいつを置いていってくれないか。なんならお前も泊まっていけ。

目が血走ったファミコン狂人の懇願を断

■ ファミコンとマリオ

ファミコン本体にカセットをシャコン！ と挿して電源を入れるときのあのワクワク感は、仕事がない侘しさを一時的に忘れさせてくれる効果があった。

りきれず、遠山はファミコンを置いていってくれた。その晩、ぼくが徹夜で『スーパーマリオブラザーズ』をプレイしたのは言うまでもない。

それから数日後、なけなしの貯金をおろしたぼくは、ファミコンと『スーパーマリオブラザーズ』を買いに行った。だが、そう簡単に買えるはずもない。なにしろファミコンブームの真っ最中である。デパートやおもちゃ屋を数軒回ってようやくファミコン本体は買うことができたが、肝心の『スーパーマリオブラザーズ』がどこにもない。ごくたまに売られているのを見かけても、それは『スーパーマリオブラザーズ』単体ではなく、売れ残った他のソフトとの高額な抱き合わせ販売だ。

結局、ぼくはその日に『スーパーマリオブラザーズ』を買うのはあきらめ、代わりに『フィールドコンバット』というゲームを買って帰った。子供の頃から戦車のプラモデルやモデルガンが好きだったので、つい戦争ゲームを選んでしまったのだ。

今ならはっきり言っても差し支えはないと思うが、『フィールドコンバット』はクソゲーである。ゲームバランスも操作性も悪くて遊べたもんじゃない。だが、その頃はまだ世間に「クソゲー」なんて言葉はなかったし、ぼく自身にファミコン経験が少なかったこともあって、「まあ、こんなもんか」と思って遊んでいた。そういう人は、思いのほか多かったに違いない。

ともかく、すっかりファミコンの虜になったぼくは、少しでも原稿料が振り込まれると、すぐにファミコンソフトを買いに行くようになった。『プーヤン』『バーガータイム』『スペランカー』……。少し遅れて、あの『スーパーマリオブラザーズ』も買うことができた。

ぼくは決してゲームが上手なわけではないが、ヒマというのはたいしたもので、毎日のように繰り返しプレイを続けたおかげで、ぼくも『スーパーマリオブラザーズ』をクリアできるようになった。仕事は1日1時間。ゲームは1日16時間。

そんなわけで、フリーライターというより、フリーゲーマーと呼ぶ方が似つかわしくなっていたぼくのところに、ある日、1本の電話がかかってきた。「東京おとなクラブ」で懇意にしてくれた、エンドウユイチさんだった。

開口一番、エンドウさんは言った。

「とみさわくん、ファミコン詳しいよね？」

いやいや、詳しいってことはないですよ。ゲームソフトを5～6本遊んだ程度だし、ラストまでクリアできたのは『スーパーマリオブラザーズ』くらいのものです。

……とは電話では言わない。フリーランスはハッタリが大事なのだ。まったく興味ないことならいざ知らず、多少なりともかじったことがあるなら、それはもう専門家である。面倒なことは引き受けてから考えればいい。ぼくは即座に返事をした。

「ファミコン、超詳しいっスよ！」

エンドウさんからの用件はこうだった。雑誌の「スコラ」がファミコン特集をやろうとしている。そのためのライターが必要なので、キミに声をかけた。やってみる気はあるか？　と。

出版界では音羽の講談社、一ツ橋の小学館、集英社を三大メジャーとして、フリーライターはそれらの出版社で仕事をするのがある種のステータスだったりしたものだ。当時の「スコラ」を発行していた株式会社スコラは、講談社系の出版社である。これまで小さな出版社でしか仕事をしていなかったぼくにとって、初のメジャー仕事だ。そりゃ飛びつくに決まってる。

電話のあった日から数日後、ぼくは表参道の交差点に立っていた。時刻は午後7時。『スコラ』編集部があるのは、銀座線の青山一丁目駅すぐ近くの青山ツインタワービルだ。編集部へ行くはずなのに、なんでそこから2駅も離れた表参道で待ち合わせするんだろう？　しかも夜の7時にって！

事情がわからずに戸惑っていると、エンドウさんがやって来た。少し遅れて「スコラ」編集者のH氏も来た。H氏は「まずはごはん食べに行きましょう」とズンズン歩き始める。背の高いビルに入りエレベーターで10階まで行くと、そこは値段の高そうな焼肉店だった。やべぇ、こんなところでメシ食えるほどのカネ持ってねぇよ……。だが心配はご無用。編集者の奢りです！

ぼくがファミコンを買ってから一年後の一九八六年。時代はバブル経済が始まったばかりの頃である。当時の「スコラ」が何部くらい発行され、どれくらいの利益を上げていたのかは知らないが、少なくともライターとの食事代なんて余裕で経費で落とせたのだろう。それも定食屋とかのレベルではない。表参道の夜景を見下ろす高級焼肉店だ。上タン塩、上カルビ、上ロース、キムチ盛り合わせ、ユッケジャンスープ。生ビールなんかもゴクゴク飲んじゃう。それがすべて必要経費で落ちる。

ライターを始めたばかりの頃、ある雑誌で立ち食いそばの記事を書いたことがあった。都内の立ち食いそば屋を数軒食べ歩き、店主に取材して８頁ほどの記事にする。原稿料はそんなに悪くなかったが、問題は取材費が出なかったことだ。立ち食いそばなんだから一杯３００円くらいのものだよ。それが経費で落ちないって！

そんなビンボくさい仕事しかしてこなかったぼくにとって、ネオンきらめく夜景をバックに編集者と食事（参考映像：アニメ『美味しんぼ』のオープニング）だなんて、ＤａｎｇＤａｎｇ気になるどころの話じゃない。憧れの「スコラ」での仕事を手に入れた！

このあとどんな打ち合わせが始まるのか、ぼくは期待で胸がいっぱいになるのだった。

2-02

必殺のリセットボタン

その日まで、ぼくは自分の行き先に迷っていた。「よい子の歌謡曲」で文章を書くことに目覚めはしたが、音楽やアイドルというテーマで自分がその道を極められる自信はなかった。かといって、それ以外に何か得意分野があるわけでもない。ただ「文章を書いてみたい」という意気込みだけが空回りしている状態だ。何ができるかもわからないのに、何かをしなければと、焦ってばかりいた。

そのときに見つけたのが〈ゲーム〉だ。

……と言えればカッコイイのだけれど、あいにくその時点でのゲームは、ぼくにとってまだそこまでのものでもなかった。なぜなら、自分の持っているゲームの知識なんて、『スペースインベーダー』以降のいくつかのアーケードゲームを遊んできた体験と、ようやく買ったファミコンソフト5～6本程度のものだからだ。

それでもハッタリで、ゲームを仕事にすることに成功した。ファミコンブームに便乗してゲームの攻略記事を連載するという「スコラ」のライターに選んでもらえたのだ。駆け出しのライターとして、編集部の期待に応えたいと思うのは当然だ。

それに、ファミコンの記事で実績を上げれば、いつかは巻頭グラビアの構成を任せてもらえるかもしれない。肩にパステルカラーのサマーニットを引っ掛け、システム手帳を片手に打ち合わせをする。「とみちゃん、来週の金曜あたり、空いてる?」「ごめん、おれ来週はグラビアの立会いで川島なお美とサイパンなんだよね」……そんな未来を夢想した。

いやいや、まずは目の前の仕事をしよう。焼肉と生ビールでタプタプになった腹を抱えて、青山一丁目の駅前にそびえる青山ツインタワービルにぼくらは向かった。名前の通り双子のような二棟のビルが並列して建っている。地階には飲食店が、一階には商業施設が入っている。その上は各種の有名企業が入居するオフィスエリアだ。「スコラ」編集部もそこにあった。

時刻は夜8時半頃だっただろうか。駆け出しとはいえ、いちおうはライターの端くれだから出版社が不夜城であることくらい知っている。それでも、打ち合わせがこんな時間から(しかもお酒飲んじゃったあと!)であることに驚きは隠せなかった。

ここで、当時のゲームを取り巻くマスコミの状況を簡単に説明しておこう。

時は一九八六年。すでにファミコンは大ブームを巻き起こしていたが、それを専門に紹介する雑誌はほとんどなかった。前年に徳間書店から「ファミリーコンピュータMagazine」(通称:ファミマガ)が創刊されたばかりで、この年の夏にはそれを追いかけるようにアスキーから「ファミコン通信」(のちの「ファミ通」)が創刊された。ファミコンという遊び自体はブームになっていたけれど、ゲーム雑誌というものはまだ限られた一部のゲームファンだけのもので、一般層には届いていなかった。

だが、ゲームの熱気は着実に人々の心をつかんでいた。話題のゲームのことを知りたい。ファミコンが上手くなりたい。『スーパーマリオブラザーズ』を攻略したい。ゲームの達人になって女の子にモテたい。理由は様々あったと思うが、そこには大きなビジネスの入り口が開いていた。

若者文化全般に対して貪欲な雑誌である「スコラ」が、ファミコンブームを見逃すはずがない。他の数あるカルチャー雑誌を差し置いて、いち早く「スコラ」はファミコンの攻略記事を載せようとした。専門誌はまだ「ファミマガ」しかないのだから、おそらくその時点での「スコラ」編集部はゲーム雑誌に対抗するつもりすらなかったのだと思う。ただ単に、話題のカルチャーを誌面に取り込みたかっただけなのだ。そして、それを実現するために必要な人脈の輪の中に、たまたまぼくがいた。

編集部に着いて、編集担当のH氏とエンドウさん、そこにぼくを交えた三人で打ち合わせをする。ここへ至る前に二人の間で企画の方向性はすでに固まっていたようで、ほとんど意見交換する必要もなく、記事の概要はあっさりと決まった。連載タイトルは「ファミコン㊙攻略テクニック!!」。なんの工夫もないタイトルだが、一般誌の中に設けられたページとしては、これくらい企画の趣旨がわかりやすいものがよかったのだろう。

ゲーム攻略および原稿執筆は、その都度エンドウさんとぼくが手分けして担当する。この企画のためのペンネームを付けようということになり、エンドウさんは「エンドウMARIO」、ぼくは

「LUIGEとみさわ」となった。我々のチーム名は「聖十字ボタン帝国」。超ダセえ。でも仕方ない。なにしろメジャー誌の仕事だ。原稿料は悪くないし、経費はバンバン使える。それに、ただの趣味だったファミコンが仕事になるのだ。何も文句はございません。

これは「スコラ」の仕事を始めてからわかったことだが、メジャー誌でゲーム紹介をしていると、各種のメーカーから新作ソフトがドシドシ送られてくる。「ソフトを差し上げますので、うちの新作をぜひ貴誌でご紹介ください」というわけだ。それまでは少ない収入をやりくりしてファミコンカセットを細々と買っていたのに、ゲームを仕事にした途端、遊びきれないほどのソフトが目の前に積み上げられる。これはありがたいことだった。

『スーパーマリオブラザーズ』を取り上げた連載の第1回は、画面写真とテキストだけで記事を構成したが、第2回の『ポートピア殺人事件』からは、イラストも入れることになった。このイラストを担当してくれたのが、当時はマンガ家だった森川幸人さんだ。

森川さんもゲームが大好きな人で、この仕事がきっかけかどうかはわからないが、のちにご自身でもゲームを作るようになり、『ジャンピングフラッシュ！　アロハ男爵ファンキー大作戦の巻』や『がんばれ森川君2号』といった製品を手掛けている。現在はゲームにおけるAIの研究者としてもよく知られており、いまとなっては、ぼくなんかよりずっとゲーム制作の奥深いところで仕事をされている。

話を戻そう。

当時はゲームマスコミなどというものが確立されておらず、その黎明期だった頃の話である。我々はなんのお手本もない状態から手探りで攻略記事を作っていかなければならなかった。

まずは台割りに合わせてラフレイアウトを描く。ゲーム攻略記事に限らず、何事かを説明しようとしたら、図版で示しながらテキストで解説を展開していくことになる。テキストがあって、図版（画面写真）が入り、またテキストがあって、図版が入る。これの繰り返しが基本だ。しかし、ゲームの画面写真をどうやって用意するかは、ずいぶんと悩まされた。ＤＴＰなどまだその影もない。モニターからデジタル出

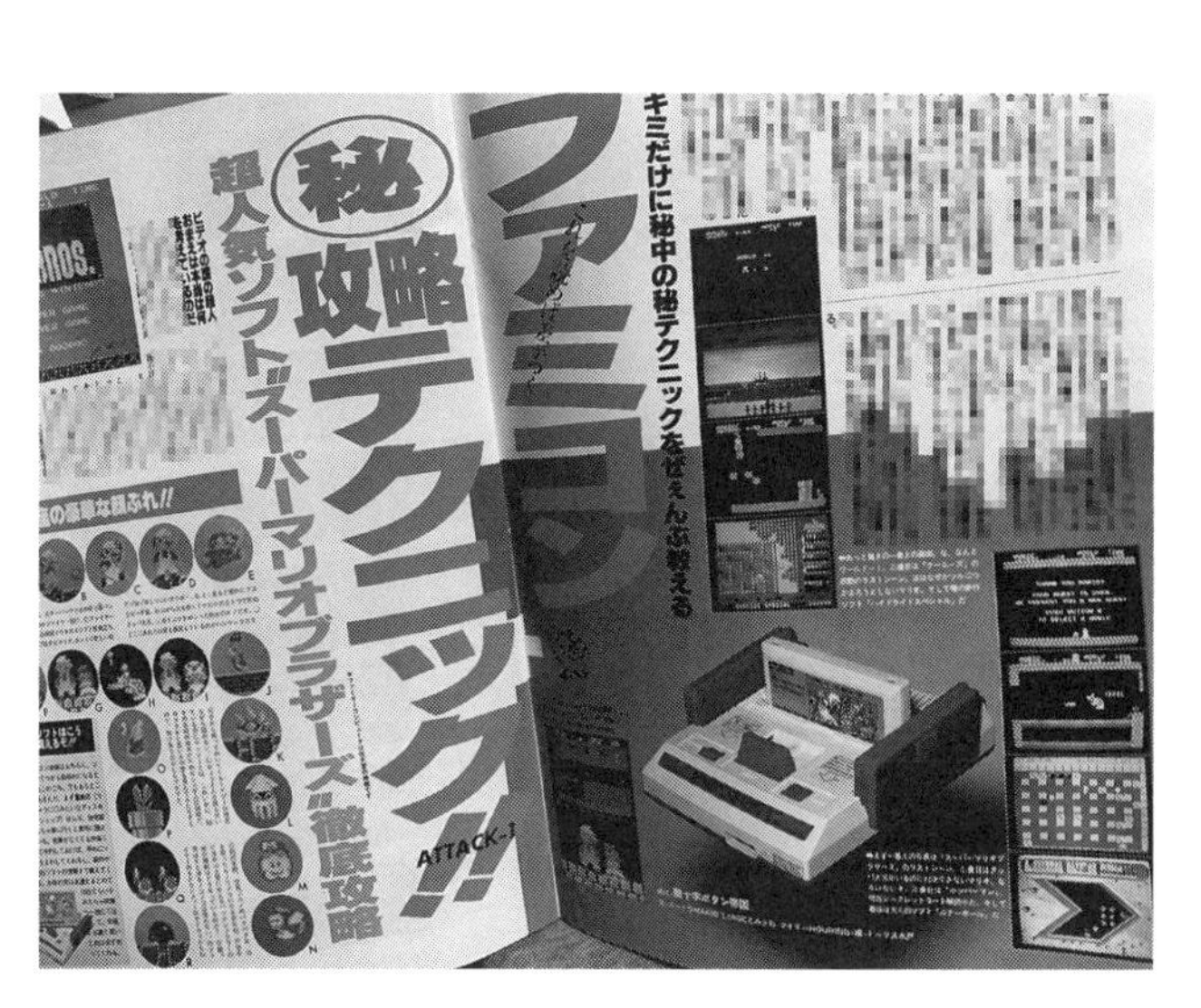

■ スコラのファミコン記事

今見ると画面写真がボケボケ。そりゃそうだ、デジタル出力なんて影も形もなく、たかだか15インチ程度のブラウン管モニターを銀塩カメラで物理的に撮影するのが精一杯だった時代なのだ。

力するなんて、未来の技術である。雑誌の誌面にゲーム画面を掲載しようと思ったら、〝物理的〟に画面を撮影する必要があるのだ。

そうなると、方法はひとつしかない。ブラウン管の前に三脚でカメラを立て、映し出されたゲーム画面をポジフィルムで撮影する。ブラウン管って何？　ポジフィルムって何？　というところから説明していたらキリがないのでそこは省略するが、とにかくゲームが映っているテレビの画面を、カメラで撮影して印画紙に焼き付けるのだ。

明るい部屋だと蛍光灯の光がブラウン管に反射してしまうので、部屋の電気を消して暗室のようにする。そうやってセッティングしたら、真っ暗な部屋の中でゲーマー（兼ライター）の我々が、ゲームをプレイする。攻略法が必要そうな場面まで来たら、ゲームを一時停止して画面写真を撮る。

この「一時停止」がまたクセモノだ。ファミコンのポーズボタンを押すだけで、画面がピタリと停止してくれるゲームなら何も問題はない。だが、ゲームによってはポーズボタンを押すと画面が消えて「PAUSE」の文字だけが表示されたり、なかにはポーズが効かないゲームもある。

そんなときは、必殺のリセットボタンというテクニックを使う。リセットボタンは進行中のゲームを中断してタイトル画面に戻すための機能だが、これを押したときに指を離さず、押し込んだままにしていると、強制的に画面をポーズさせることができる。その隙に写真を撮るというわけだ。

ところが、この必殺のリセットボタンには大きな欠点がある。そう、撮影が済んで手を離せばゲームはリセットされ、タイトル画面に戻ってしまう。つまり、続きを撮影しようと思ったら、また最初から同じ場面までプレイしなければならないのだ。100メートル走に例えると、まず1メートル走ったところで必殺リセットで停止してシャッターを切る。その後、スタートラインに戻って2メートル走ったところでシャッターを切る。再びスタートラインに戻って3メートル走ったところでシャッターを切る。その次は4メートル走ったところで……と、100メートルのコースを攻略するためにはこういうことを延々と繰り返さなければならないのだ。まるで自分の掘った穴を何度も埋め戻させられる拷問のようで、これは発狂しそうになる！

幸いなことに、連載第1回で取り上げた『スーパーマリオブラザーズ』はポーズボタンが正しく機能してくれたので、そこまで過酷な撮影にはならずに済んだが、プレイをミスってゲームオーバーになれば、最初からやり直しになることには変わりがない。ゲーム攻略記事のための画面撮影は、なんとも過酷な仕事であった。

「スコラ」でのファミコン攻略記事の連載は7回ほど続いた。いま振り返ってみればごく短期間の仕事だったのだが、ぼくがゲームライターとしての基礎を身に付けたのは、このときの体験によるものが大きい。誰かに教わったのではなく、自分たちで試行錯誤しながら学んでいった記事の作り方は、そのまま自分の血肉となり、その後の仕事を助けてくれた。

「スコラ」ではレギュラーの連載の他に、いくつか単発の仕事もさせてもらった。そのひとつにナムコとのタイアップ記事の制作があった。

ナムコは一九八五年に『励まし人形 りょうまくん』という玩具を発売している。これは坂本龍馬をモチーフにしたもので、「小さなことにこだわってちゃいかんぜよ！」「心はいつも太平洋ぜよ！」といった音声合成によるセリフで、持ち主を励ましてくれるものだった。ナムコはこれをエモーショナルトイと名付け、翌年にはその第二弾として『べらんめい人形 がんこ職人』を発売する。『がんこ職人』は火消し半纏（はんてん）を着た職人の人形で、「べらんめいっ！ 仕事しろい！」「がたがた言ってんじゃねえやい！」「こちとら江戸っ子でい！」などと叱咤激励してくれる。こいつのタイアップ記事を作ることになっ

■ がんこ職人のタイアップ記事

記事の中に自分で撮ってきた竹の子族の写真が見える。根っからの野次馬体質なので、当時はよく原宿まで竹の子族やロックンローラー族を見物しに行っていた。

たのだ。

ぼくは、ただ商品の機能を紹介するだけではおもしろくなかろうと考え、浅草の老舗店や原宿のタケノコ族など、自分のスタイルを貫く生き方をしている人たちを取材して、記事に盛り込んだ。

このときの仕事がきっかけとなって、その後、ぼくはナムコと深い関わりを持つようになっていくのだが、それはまた後の話である。

2-03

もしもし、ミヤモトです

「スコラ」というメジャーな舞台で経験を積み、人脈も少しずつ増えていったことで、仕事の幅も広がり始めてきた。

その頃の仕事で印象に残っているのは、一九八六年七月に刊行された『DELUXE　momoco』というムックだ。学研のアイドル雑誌「Momoco」の特別編集として出版された大判のグラフ誌だが、「スコラ」のときと同様に話題の『スーパーマリオブラザーズ』を使って何か記事を作ろうということになった。そこで、ゲームの主役であるマリオに焦点を当て、その歴史を紹介することにしたのだ。

マリオは、そのデビュー作である『ドンキーコング』から始まって、『ドンキーコングJR.』『マリオブラザーズ』『レッキングクルー』など、様々な任天堂製のゲームに出演している。『テニス』という一見マリオとは関係なさそうなにゲームにも、審判役でカメオ出演している。そうしたマリオ関連のゲームを紹介するだけでなく、レコードやビデオなどのマリオグッズも漏れなく取り上げた。

当時の学研にはゲームに詳しい人間がいなかったので誌面構成はぼくに一任されたが、唯一、編集部が注文をつけてきたのは、「マリオを作った人の談話を入れてくれ」ということだった。

よく考えてほしい。時はまだ一九八六年である。マリオを作ったのが誰なのかなんて、ぼくが知るはずもない。もちろん編集部だって同様だ。わかっているのは、それが「任天堂の製品である」ということだけ。ならば、任天堂の広報にでも話を聞くしかない。そう考えて、ぼくは任天堂の代表番号へ電話をかけた。取材記者としては当たり前の手順を踏んだだけだ。

呼び出し音が数回鳴ったのち、すぐに電話はつながった。

「すみません、こちら学研のこれこれこういう雑誌で、こんな趣旨の記事を作っています。つきましては、マリオの成り立ちについてお話を伺いたいのですが……」

「はい、では担当の者に代わりますので、少々お待ちください」

そう言うと、受付の女性は電話を保留にする。それから待つこと数分。

「もしもし、お電話代わりました。ミヤモトです」

電話に出てくれた相手に向かって、ぼくは用意しておいた質問をひとつずつ読み上げる。すると、ミヤモトさんはとても丁寧に答えてくださった。

たしかにマリオシリーズは自分が担当していること。

マリオの造形で最初に考えたのはあの大きい鼻とヒゲであること。

腕を振る動作をわかりやすくするためにオーバーオールを着せたこと。

そして、マリオはコングの飼育員という設定だったこと……。

ぼくはそれを漏らさずノートに書き留めた。電話の終わり際に「談話という形式で原稿に盛り込みますので、あらためて所属されてる部署とフルネームを教えてください」とお願いすると、ミヤモトさんは「情報開発部の宮本茂です」と答えてくれた。

そう、マリオの父こと、宮本茂さんその人だったのだ。

今なら、駆け出しのライターが〝世界のミヤモト〟のインタビューを取ってきたら大手柄だ。鼻高々になってもおかしくない。しかし、そのときはなんとも思わなかった。だって、記事で紹介する製品の製造担当者に話を聞いただけのことなのだから。それより、アイドル出版の名門である学研で仕事ができたことの方が嬉しくてたまらなかった。この時点でのぼくは、あくまでもアイドルライターとして一流になるのが当面の目標であり、ゲームを自分の職業の中心に据えようなどとは思っ

■ DELUXE momocoのマリオ記事

解像度の粗い画面写真からマリオを切り抜きで誌面に載せるという、普通の編集者、普通のデザイナーなら絶対やらないこともファミコンブーム時代にはまかり通った。

てもいなかったからだ。

それと同じくらいの時期のことだ。

ゲームというものに対して、その程度の取り組み方しかしていないぼくのところに、どうしたわけかバンダイでファミコンソフトを作るという仕事が回ってきた。紹介してくれたのは、「スコラ」で一緒に仕事をしていた森川幸人さんだったと記憶している。

バンダイは、一九八六年に「ファミリートレーナー」というシリーズを展開させている。これは、ファミコンのコントローラーの代わりに12カ所のスイッチが内蔵されたビニールマットを接続し、それを足で踏んでゲームを操作するというものだ。『Dance Dance Revolution』（一九九八年）の先祖のようなものだと言えばわかりやすいだろうか。

専用ソフトの第1弾が『アスレチックワールド』、第2弾が『ランニングスタジアム』。これらの題材が示しているように、「ファミリートレーナー」は実際に身体を動かしてスポーツのようにゲームをする、非常にフィジカルな企画である。

その「ファミリートレーナー」の第3弾企画として候補に上がっていたのが、エアロビクスだった。おそらく、関係者の中に誰もやりたがる人がいなかったのだろう。プロジェクトが具体化せず宙ぶらりんになっていたものを、なぜかぼくが請け負うことになった。ファミコンソフトなんて作った経験はない。エアロビクスの経験だってもちろんない。だけど来た仕事は断らない。それが駆け出しフリーランスの鉄則だ。

仕事に着手するにあたって、バンダイ（正確にはその下請けのプランニング会社）からもらった資料は、Ｂ４サイズの紙切れ一枚だった。そこにはこう書かれていた。


インストラクターの動きに合わせて、マットの上でエクササイズ。リズムがくるったり、足の位置をまちがえたりすると、インストラクターにおこられてしまいます

たったこれだけ。非常にザックリした説明だ。その横には、マットの上でダンスをしているレオタード姿の女の子のイラストが描かれている。これだけの材料で？　おれがエアロビクスをゲームにするの？

これは大変な仕事を引き受けてしまった！

何をどうすればいいのかさっぱりわからないが、とりあえずエアロビクスというものを知る必要がある。ぼくはビデオショップに行き、エアロビクスの教則ビデオのようなものを買ってきた。それを繰り返し見ることで、エアロビクスの基本的な動きを学ぶことにしたのだ。

ビデオカセットをデッキに突っ込んで、再生する。軽快な音楽とともに、インストラクターのおねえさんがダンスを始める。ふんふん、なるほど、そういうことか。ビデオを見ながらぼくも真似してみる。リズムに合わせて足を広げ、ステップを……。

と、ここで重大なことに気がついた。肝心の「マット」がない！

いまさらクライアントを責めるつもりもないし、孫請け仕事だから仕方ない面もあるだろう。とはいえ、やっぱりファミリートレーナー用のソフトを企画する人間にマットを提供しないというのはあんまりだ。実際、そのときもずいぶん呆れはしたものの、しかし、ぼくは立ち直りも早いのだ。

大映ドラマ『少女に何が起こったか』で、薄汚いシンデレラを演じた小泉今日子は、紙に鍵盤を描いてピアノの練習をしていた。ならば、ぼくも紙でマットを作ろう。そう考えて新聞紙をマットのサイズに切り出

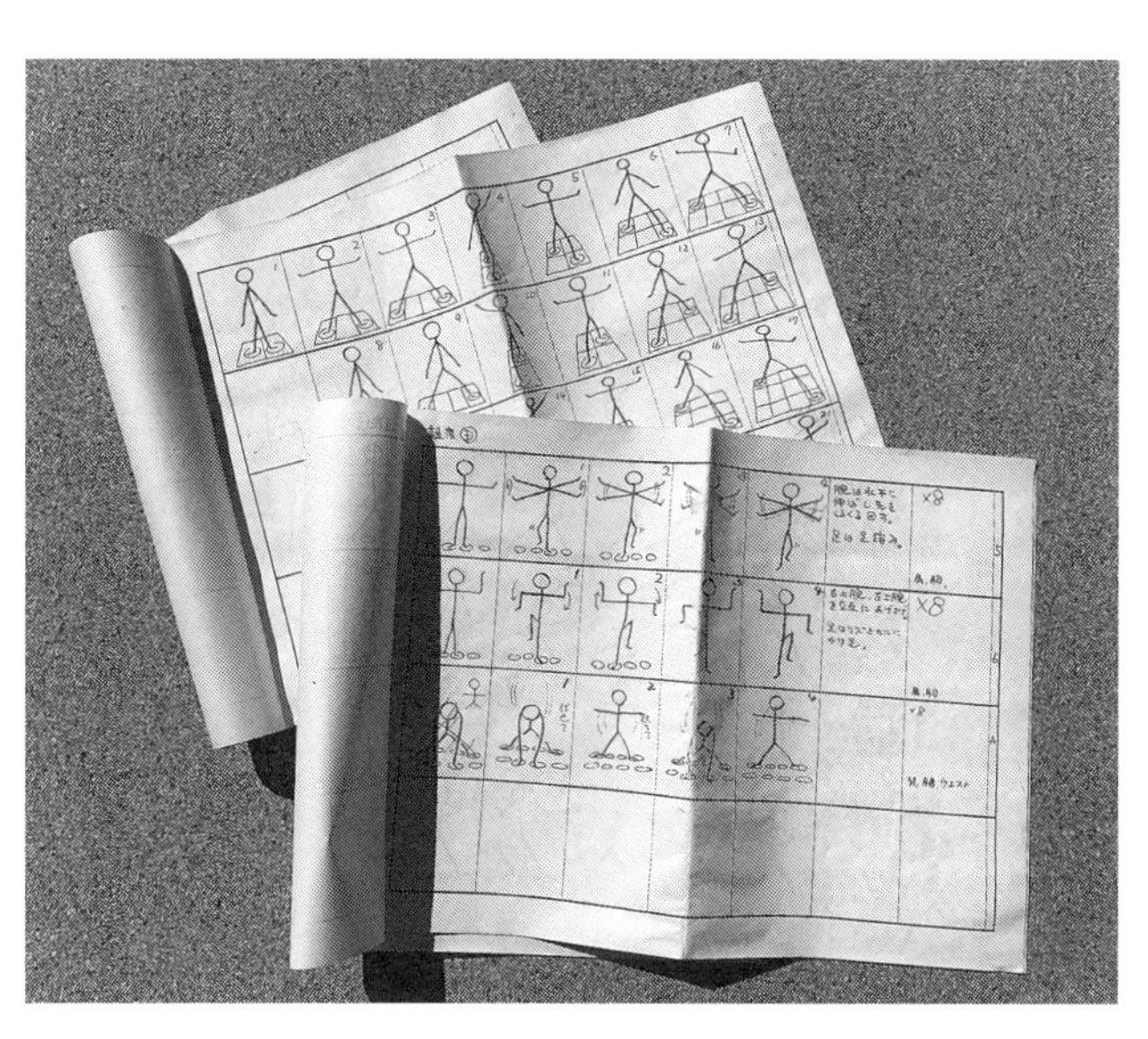

■ エアロビスタジオの仕様書

これを仕様書だと言って渡されたときの開発スタッフの心境は、怒りか、呆れか、はたまた爆笑か。

すと、極太のマジックペンで12個の丸を描く。これで即席マットの出来上がりだ。そいつをテレビの前に敷き、ビデオに合わせてエアロビクスをする。オイッチニ、オイッチニ……。

二階の自室でそんなことをやっているもんだから、振動は階下にまで響きわたる。母は何事かと息子の部屋を覗き込む。すると、広げた新聞紙の上で必死にエアロビクスをしている息子の姿……。母は、あまりにヒマ過ぎて息子が発狂したのだと思ったに違いない。

まあ、そんなことはいい。エアロビクスのビデオとマット（新聞紙）が揃ったので、いよいよ仕事に取り掛かることができる。まずは基本的な動きを記録していこう。といっても、まだパソコンなど使っていない時代だから、仕事はすべて紙とペンでこなすしかない。その作業は限りなくアナログだ。

紙に線を引いて絵コンテ用紙を自作し、近所の文具店にあるコピー機でそれを量産し、エアロビ動作のパターンを棒人形で描き込む。そうやって抽出した動きのパターンを、「身体的な負荷」の度合いで5段階くらいに分けていく。スポーツ医学的な裏付けなど何もない。ただ単に自分でやってみたときの疲れ具合だけが頼りだ。

そうして、各種の動きを組み合わせて、初級コース、中級コース、上級コースというように、各ステージを構成していった。

まったくいい加減極まりない仕事なのだが、そのときはそんな方法しか思いつけなかった。そして、当時のゲーム業界ではそれが通用していたのだ。なにしろファミコン・バブル真っ盛りである。

ソフトは発売さえすればなんでも売れる。どこからどう見てもクソゲーの『バードウィーク』が、ファミコンソフトというだけで30万本も売れていた時代なのである。ファミコンショップは常に品不足に喘いでいた。とにかく1本でも多く商品をよこせ。新作を店頭に並べさせろ――。

　ぼくは数週間で仕様書をまとめると、クライアントに提出した。それから数ヶ月を経て、『エアロビスタジオ』というタイトルで、きっちりと製品化された。仕様書を提出して以降はノータッチだったから、プログラマーやグラフィッカーがそのあとどれほどの苦労をして製品化までこぎつけたのか、ぼくは知らない。

■ エアロビスタジオ

製品となったゲームソフトだけもらっても、マットがないので遊べない。新聞紙はファミコンには接続できないのだ。右側のパッケージはデザイナーの植地毅さんからもらったNES（北米向けファミコン）バージョン。

きっと「こんな雑な仕様書よこしやがって」と、ぼやきながら仕事をされたことだろう。今更ながらお詫びする。

初めてのゲーム作りはとても楽しい仕事だった。ただ、楽しかったのは事実で間違いないが、だからといってこれを自分の仕事にしようとも思わなかった。原稿を書くことに比べれば、ちょっとギャラのいい仕事。それだけのことだった。まさか、それから数年後に自分がゲームデザイナーになるとは、このときは夢にも思わなかった。少なくとも、RPG（ロール・プレイング・ゲーム）と呼ばれるものと出会うまでは。

2-04

おお、勇者あきひとよ!

二〇二一年の今現在、フリーランスのライターが、取引先の編集部へ顔を出すことは、まずない。ネットが発達したおかげで、打ち合わせはメールで済ませることができる。原稿もメールで入稿するのは当たり前になった。資料の受け渡しもサイズの小さいものならメールに添付すればいいし、写真や音声など大きめのデータはオンラインストレージにアップするなど、方法はいくらでもある。ゲラだってPDFで送られてくる時代だ。

さらに、二〇二〇年から世界に蔓延し始めた新型コロナウィルスによる感染症が、人と人との直接の接触を危険なものに変えた。そのことが、皮肉にもリモートワークの促進につながった。

そんな、ほとんどの作業を自宅のデスクでこなすようになった今、かつて雑誌の編集部に入り浸っていたときのことが懐かしく思い出される。

ぼくが「スコラ」で仕事をしていたときは、ずいぶんと編集部に入り浸っていた。ゲーム攻略の記事を連載しているといっても、隔週で6ページくらいのものだし、エンドウさんと二人での執筆だから、忙しいというほどのことはない。それでも、やけに編集部の居心地がよくて、仕事がないときでも編集部に顔を出していた。

あの頃、雑誌の編集部というのは、どこも出入りが自由だった。正社員の編集者はもちろん、契約しているフリーの編集者、ぼくらのようなフリーライター、カメラマン、イラストレーター、ハガキ整理のアルバイト。仕事の予定がなくても、ヒマさえあれば編集部に顔を出し、馴染みの編集者と雑談をして、なんなら一緒にメシを食いに行く。

一見、無駄なようでも、そこで交わされた雑談から新企画が生まれることも少なくない。編集部がオープンであることには、ちゃんと意味があったのだ。

いまは編集部への出入りには入館証を必要とするところが増えている。それは悪いことではない。セキュリティ意識が高まるのはいいことだが、その一方で、すでに年寄りの領域に足を踏み入れている自分は、「ちょっと窮屈になったたな……」と思ったりもする。

とくにやることもなく、「スコラ」編集部の会議室で雑誌のバックナンバーを読んでいたある日のこと。担当編集者のH氏が、「なんか来たよー」と宅配便の小さな包みを持ってやってきた。

差出人を見ると「株式会社エニックス」とある。エニックスはファミコンの『ポートピア殺人事件』を発売したところで、元々はパソコン用のソフトを作っている会社だった。当時のぼくの認識としてエニックスは、あくまでもパソコンゲームのメーカーであり、ゲームセンターからファミコンに興味を移してきた自分には、いまいちピンとこない社名だった。

そのエニックスが、満を持してファミコン用にＲＰＧを送り込むという。そのサンプルＲＯＭが編集部に届いたのだ。

包みの中身は『ドラゴンクエスト』。ファミコン界にRPG旋風を巻き起こした、あの『ドラクエ』だ。

これは、日本のゲーム産業の歴史的にとても重要な瞬間だったと言えるのだが、そのときのぼくにとっては「エニックス、どこそれ？」だったし、「RPG、何それ？」というものでしかなかった。「ド…ラゴン、クエ……スト？」とカセットに書かれた耳馴染みのないタイトルを読み上げながら、会議室に設置されたファミコンにカセットを差して、電源を入れる。すると、何やら豪華なファンファーレと共にタイトルロゴが表示された。

ゲームをスタートさせたぼくが最初に要求されたことは、自分の名前の入力である。なぜそんなことをさせられるんだろう？　平仮名で4文字しか入れられない。とりあえず「あきひと」と入れてみた。すると、場面が王の部屋らしきところに変わり、中央にいる王様が話し始める。

＊「おお　あきひと！
ゆうしゃロトの　ちをひくものよ！
そなたのくるのを　まっておったぞ。

おおーっ！　横で見ていたH氏が驚きの声を上げた。当事者のぼくもびっくりだ。そうか、あの名前入力は、ゲーム中に自分の名を呼んでもらうためのものだったのだ！

パソコンでRPGを遊んだ経験のある人には、この程度のことは驚くに値しないだろう。あるいは、コンピュータの基本的な仕組みを知っていれば、いったん入力した文字列がいつでも呼び出せるのは当たり前のことだとわかる。でも、ぼくはゲームセンターとファミコンでしかゲームを知らなかったし、コンピュータの仕組みもビタ一文わかっていない。だから、この程度のことでも心の底から感動することができた。

ゲームってすげえな！　RPGってすげえな！

剣と魔法の世界に入る前に、もうい

■ 名前を呼んでくれる王
画面の中の〈ゲーム〉と現実世界の〈自分〉がつながった瞬間。この感覚は、マンガ、小説、映画といった従来のエンターテインメントでは得られなかったものだ。

きなりゲームの魔法にかけられたようなものだ。

それから、ぼくがどれほど『ドラクエ』に熱中したかを、ここで長々と書くことはしない。リアルタイムで『ドラクエ』を遊んだ人なら、みんな同じような体験をしているはずだ。とにかく、ぼくはその日から『ドラクエ』……というよりも、ＲＰＧというゲームジャンルが大好きになった。これこそがゲームだと思った。もっともっとＲＰＧを遊んでみたいと思った。

ファミコンに詳しい人なら笑ってしまうようなことをいまから書くが、あまりにもＲＰＧに飢えたぼくは、ファミコンショップで『頭脳戦艦ガル』を買った。

『頭脳戦艦ガル』は、それほど出来のよくないシューティングゲームなのだが、なぜかパッケージにデカデカと「ＲＰＧ」と書いてあった。このゲームにはＲＰＧっぽい要素などひと欠けらもないにもかかわらずだ。詐欺もいいところである。

強いてＲＰＧらしさを探すとするなら、非常に細かい段階で自機がパワーアップすることだろうか。作者（というよりメーカーの宣伝担当者）は、そのことをＲＰＧにおける「成長要素」と強引に結びつけ、宣伝に利用したのだと思う。

そういう事情もあって、『頭脳戦艦ガル』はファミコン業界ではとても評判の悪いソフトなのだが、ぼくはこれ、案外嫌いじゃない。どちらかというと好きなゲームのひとつだ。

単純に昔からシューティングゲームが好きだったし、根がコレクター気質なので、非常に細かい段階でパワーアップしていくという「積み上げていく感じ」が好きだったのだと思う。そもそもがRPGにハマったのも、経験値をコツコツと貯めていくところが肌に合ったのだ。そういう意味では、ぼくにとって『頭脳戦艦ガル』はやっぱりRPGなのだった（すごい結論）。

まあ、『頭脳戦艦ガル』の話など誰も望んでいないだろうからこのくらいにしておくが、とにかく『ドラクエ』との出会いによってRPGの世界に魅了されたぼくは、さらにその道を深追いしたくなった。

それでどうしたかというと、本屋へ行ってパソコン雑誌を買ったのだ。

手にしたのは、アスキーから出ていた「月刊LOGiN（ログイン）」。どうやら

■ 月刊LOGiN 1986年8月号

巻頭の売り上げベスト５欄で『ザナドゥ』は堂々の６ヵ月連続１位を記録。そりゃあパソコン音痴のぼくだって、遊んでみたくなるというものだろう。

ＲＰＧというのはパソコンゲームで発展したものらしいということがわかったので、当時、パソコン雑誌の中でもっとも目立っていた「ログイン」を買い、そこで何を遊んだらいいかの指針を得ようと思ったわけだ。

買ってきた「ログイン」を開く。巻頭には売れ筋ソフトウェアのベスト5が掲載されている。その月のランキングで1位になっていたのは、日本ファルコムの『ザナドゥ』というソフトだった。

そうか、これが売れているのか……。本文でも大特集が組まれている。記事を読んでみると、なかなかおもしろそうだ。青を基調にしたダンジョンマップは美しいし、ちんまりとしたキャラクターもぼく好みだった。

これを遊んでみたい。本格的なＲＰＧをプレイしてみたい。

だが、『ザナドゥ』をプレイするためには、パソコンが必要だ。ぼくの家にはパソコンがない。どうしようかな。買おうかな。買っちゃおうかな。

買いました。当時、渋谷の道玄坂を少し上がったところにあったＪ＆Ｐというパソコンショップで、中古のＰＣ−８８０１ｍｋⅡＭＲを購入した。値段はたしか16万円くらい。貯金はスッカラカンだ。

同時にソフトも手に入れた。こうして、ぼくの部屋にパソコンＲＰＧの大ヒット作『ザナドゥ』を遊べる環境が揃ったのだ。

2-05

パソコンに失望す

設計・製図なんてちょっと理系っぽいことを職業にしていた過去があるくせに、実のところは理系アレルギーなぼくが、よくぞ自力でパソコンなんかセッティングできたものだと思う。まあ、当時はネットワークにもつながっていないスタンドアローンの状態で使っていたから、面倒な通信の設定をする必要もなく、本体とモニターとキーボードを接続するだけでなんとかなったのだろう。

とにかく環境は整った。満を持して『ザナドゥ』のパッケージを開ける。ところが、中に入っていたのは、なんだか黒くて薄っぺらい板（5インチのフロッピーディスク）だ。

なんだこれ？

パッケージはファミコンの『ドラクエ』よりもずっと大きいので、ファミコンカセットをさらにデカくしたようなものが入っているのだとばかり思っていたぼくは、薄いフロッピーを見て拍子抜けした。

それでも気を取り直し、フロッピーをパソコンに突っ込む。ここでまたスロットを左右間違えるとか、裏返しに挿入するとか、そんなしくじりを期待されるかもしれないが、そこは取り扱い説明書を見ながらやったので大丈夫。ゲームはちゃんと起動した。

ボイーン、ボイーン、ボイーンという低音と共に5人のキャラクターが姿を現し、タイトル画面が表示される。すげえ、なんだこれ、かっこいい！

『ドラクエ』の定価は５５００円。ファミコン本体が1万４８００円だから、合わせて2万円ほどだ。それに比べて、『ザナドゥ』は８５８０円。これにパソコン代の16万円を足すと17万円近くになる。『ドラクエ』の8倍以上も投資しているのだから、おもしろさも9倍に違いない。ぼくの胸は期待でいっぱいに膨らんだ。ボイーン、ボイーン、ボイーン。

だが、ゲームを始めてすぐにぼくの期待はしぼんでいく。まず、ゲーム中に表示される言語がすべて英語なのである。

日本で作られたゲームなのにイングリッシュ？

冷静に読んでみれば、それほど難しい文章ではない。ぼくのオツムの程度でも理解はできる。だが、これでちょっとやる気をくじかれた。

次に主人公を歩かせてみると、画面のスクロールがガタガタしていることにも失望した。『ドラクエ』では滑らかにマップがスクロールしていたのに、『ザナドゥ』はキャラクター単位で絵を描き換えているため、背景がガタガタと流れていくのだ。おれのパソコン壊れてんの？　とすら思った。これでやる気度はさらに10パーセントダウン。

なぜそうなっていたか、今なら理解できる。初期のパソコンは、計算、文書作成、お絵描き……と何でもできる代わりに、ひとつひとつの能力はそう高くない。

一方、ファミコンはゲームをすることだけに機能を特化させているので、描画能力はパソコンよりも高かったのだ。

でも、当時のぼくにそんなことがわかるはずがない。

さらに、ダンジョンに突入してびっくりしたのは「腹が減る」ことだった。冒険をしていると腹が減り、満腹度がゼロになると体力が減り始める。それを防ぐためには、パンを手に入れて食わせなければならない。リアルっちゃあリアルかもしれないが、プレイヤーの足枷にしかならない要素は、ゲームの楽しさを損なうことにもなるから、取り扱いが難しい。現に『ドラクエ』には食料という概念はなかったではないか。

17万円も払ってこれか……。遊べば遊ぶほど、ぼくの気持ちは沈んでいった。

誤解してもらっては困るが、ぼくは『ザナドゥ』を批判しているわけではない。『ドラクエ』は、あくまでもRPGなど遊んだことのないライトなゲームファンに向けて作られたものであり、『ザナドゥ』は、RPGの奥深さや手応えを求めるヘヴィユーザーに向けて作られたものだ。つまり対象とするターゲットが違うのだ。

結局、『ザナドゥ』はザコを少しやっつけただけで、1体のボスも倒すことができずに投げ出してしまった。それでも、なんとかパソコンに投資したお金の元を取りたくて、自分にも遊べるRPGがあるのではないかと、「ログイン」の記事や広告を頼りに『夢幻の心臓』だの『ティル・ナ・ノーグ』だの『ブラックオニキス』だのと次々に買ってみた。しかし、パソコンのRPGはどれも敷居が高く感じられて、やはり遊び通すことができなかった。

そんなこんなでパソコンというものに失望したぼくは、またファミコンに戻ることになる。ちょうどそのタイミングで、『ドラゴンクエストII 悪霊の神々』が発売されたのだ。前作以上に遊びやすさを追求したシステムに改良され、グラフィックはさらに美しくなり、パーティー・プレイもできるようになっていた。シナリオは山場の連続で飽きさせず、そしてあのラストダンジョン！　そりゃあ夢中にならない方がおかしい。

実は、『ドラクエII』の発売から半年ほど経った頃、日本ファルコムは『イース』という傑作RPGを発売していた。こちらは『ザナドゥ』の難解さに比べると格段に遊びやすいもので、当時ぼくが手を出していたらきっと夢中になったことだろう（後年、PCエンジン版で遊んだ）。けれど、ぼくはファミコンの虜だったから、「ログイン」で『イース』の広告を見ても食指が動かなかったのだ。もしも、あのとき『イース』を遊んで、パソコンにも親しんでいたら、また少し人生は違ったものになっていたかもしれない。

そういえば、ぼくがゲームフリークの存在を知ったのもこの頃だ。

当時、「ログイン」には「ビデオゲーム通信」というコーナーがあり、パソコン雑誌上でゲームセンター用のゲームを紹介していた。アスキー在籍時代の野々村文宏氏（現在は美術評論家、メディア論研究家）が編集を担当していたこのコーナーに、度々登場していたのが田尻智率いるゲームフリークだったのだ。

ぼくは歌謡曲が大好きで、その魅力を追求する同人誌『よい子の歌謡曲』に参加したことをきっかけにして、この世界に入ってきた。同じように、ゲームを愛するあまりにゲームの同人誌を作っている人たちがいるということを、このとき知った。『ゲームフリーク』の現物を読むのはもう少し後になってからのことだが、「ゲームにもそういうアプローチの仕方があったのか」と、目を開かされた思いだった。

それともうひとつ、「ログイン」で思い出すのは滝本和是さん（「瀧本」表記の場合もあり）のことだ。

いきなり名前を出されても、誰かだわからない人の方が多いだろう。当時の彼はフリーランスのイラストレーターで、代表作にはカシオペアのアルバム『MAKEUP CITY』のジャケットがある。滝本さんと出会ったのは、ぼくがまだ専門学校でテクニカルイラストレーションを習っていたときのことだ。ふと、ＳＦ映画ファンのためのサークルを作ろうと思い立ち、ある雑誌の読者欄に仲間募集の告知を出した。それを見て、ただ一人手紙をくれたのが滝本さんだったのだ。自己紹介には「職業：イラストレーター」とあり、手紙に添えられていたイラストを見ると、なるほど上手い。まさかプロのイラストレーターから連絡が来るとは思っていなかったので、少しばかり焦った。

何度か手紙や電話でのやり取りをした後、直接会って話すことになった。ただ会うだけというのも味気ないから、まもなく公開される劇場版『スタートレック』の第1作目を初日にふたりで観に行こう、ということになった。

映画を観たあと、どんな話をしたかまでは覚えていないが、ひたすら好きな映画の話をしたはずだ。滝本さんは、学生のぼくを下に見るようなことをせず、対等の仲間として接してくれて、すっかり仲良くなってしまった。数年後に彼が結婚したときは、ぼくも式に出席したほどだ。

そんなふうにして、滝本さんとはしばらく友達づき合いが続いていたが、やがて疎遠になっていった。別に喧嘩別れしたわけではない。ぼくは会社を辞めてフリーライターになったし、逆に滝本さんはフリーランスをやめてソフトハウスに就職した。お互いの生活環境が変わってしまったのだ。

そんな滝本さんの顔を、数年経ってから「ログイン」の誌面で見た。一九八六年のいつかの号に、注目のソフトとして『レリクス』が紹介されていた。開発しているのはボーステック。滝本さんはそこでチーフデザイナーを務めていた。あの、あからさまにH・R・ギーガーの影響を受けたキャラクターデザインは、滝本さんの仕業だった

■『MAKE UP CITY』

カシオペア４枚目のアルバム。エアブラシの技法といい、ビビッドな色使いといい、日本が世界に誇るSFイラストの第一人者、長岡秀星からの影響が思い切り現れている。

のだ。

このときは、すでにぼくもゲーム業界に関わり始めていたので、即座に連絡をとった。渋谷にあるボーステックを訪ねて行き、開発中のゲームを見せてもらった。『レリクス』は、のちにファミコンのディスクシステム用にリメイクされ、その完成度があまりにも低かったためにクソゲーの代表のように語られることも多いが、オリジナルのパソコン版はなかなかおもしろかったのだ。

その後、ファミコン事業で失敗したのかボーステックは会社が傾き、滝本さんは飯島健男氏のパンドラボックスへ移籍する。そこでも『蒼天の白き神の座　GREAT PEAK』といった意欲作に参加していたが、パンドラボックスも会社が消滅した。滝本さんがいまどこで仕事をしているのか、ぼくは把握できていない。

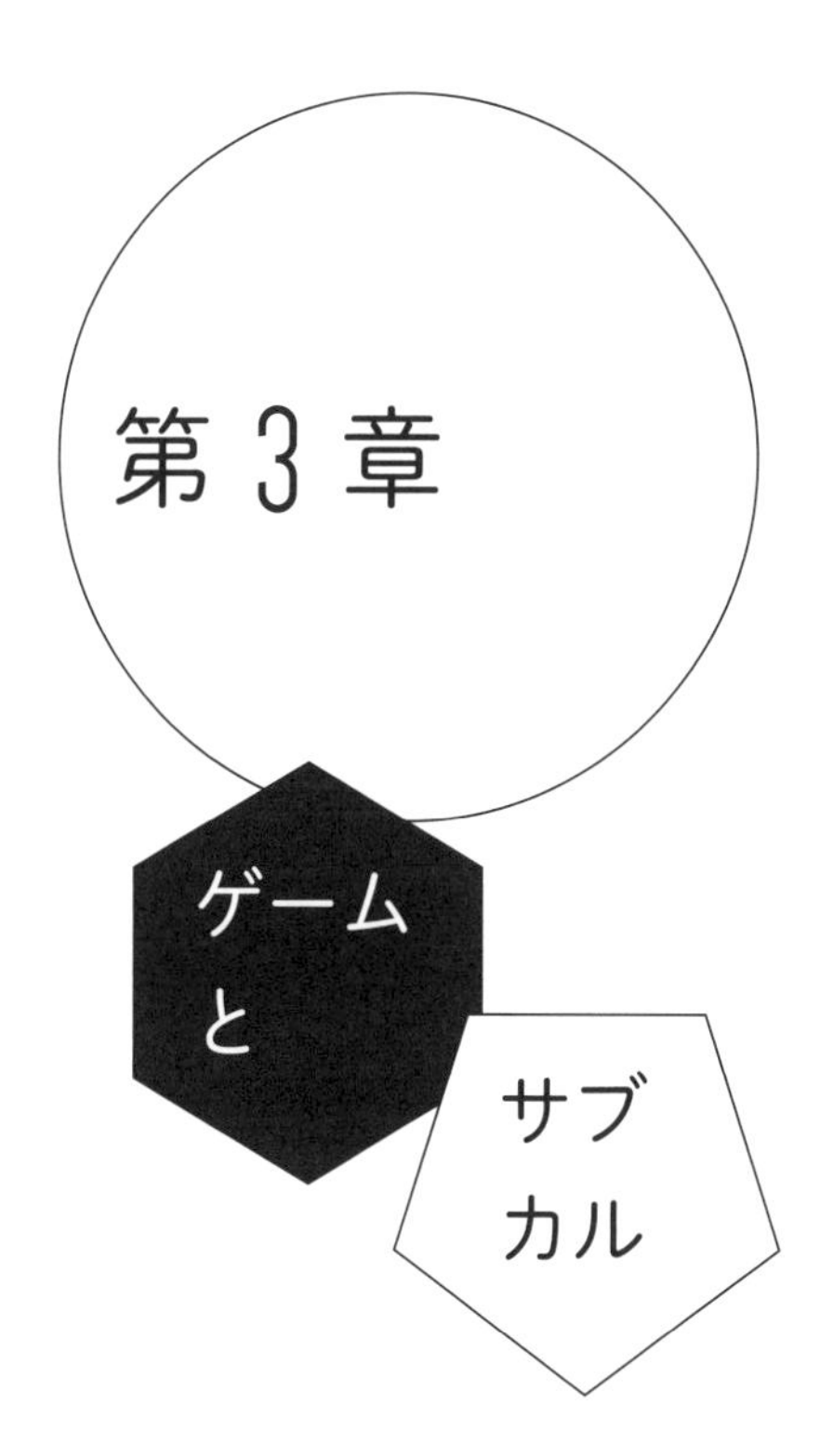
第3章
ゲーム
と
サブ
カル

3-01

アイドルとファミコンをする

一九八六年の夏あたりから、ぼくの中に「ゲームライター」という職業への明確な意識が生まれてきた。それまでは、漠然とアイドルを軸にした執筆活動しか思い描けていなかったが、次第に、ゲームへ軸足を置いて執筆活動に励みたいという気持ちが芽生え始めたのだ。そうした意識変化のきっかけは、やはり「スコラ」で仕事をした経験によるものだろう。

「スコラ」という雑誌は、アイドルのグラビアがいちばんの売りだ。ということは、編集部に出入りしているライターの中でも、巻頭グラビアの撮影に同行したり、人気アイドルの取材を任せてもらえるのが一線級のライターで、その次にくるのはモノクロページで署名コラムなどを書かせてもらっている人たちだ。ぼくは、彼らをいつも憧れの目で見ていた。

自分がやっているファミコン攻略のページは、読者からの反応はまずまずだったものの、編集部では空気のような存在だった。面と向かって言われたことはないが、「所詮はイロモノ記事」と思われているのを肌で感じていた。

一流のアイドルライターになるためのステップとして「スコラ」で仕事を始めたつもりだったが、いつまで経っても上に行ける気配がない。それどころか「あいつら、いつもゲームで遊んでやがる」と、そんな風に思われているような気がしてならなかった。

ここで、それまでの「低い方へ流れる泥水」のぼくだったら、面倒なことは考えず、現状に甘んじて「スコラ」の居心地のよさに浸っていただろう。

ところが、このときのぼくは偉かった。

一流芸能誌の「スコラ」で三流扱いされるくらいなら、いっそゲームの専門誌へ殴り込みに行って、ゲームライターの一流を目指す！　と、そう考えたのだ。

時は一九八六年。

すでに「ファミマガ」と「ファミコン通信」という2大ファミコン雑誌は出揃っていた。どちらを自分の主戦場にするかは迷わなかった。エンドウさんがアスキーに勤務していたので、あっさりと「ファミコン通信」編集部を紹介してもらうことができたのである。

多少、話は前後するが、ぼくはちょうどこの時期に、「よい子の歌謡曲」時代の仲間だった加藤秀樹と高倉文紀という二人のフリーライターと共同で、新宿区の曙橋にライターの事務所を開設することになる。「スコラ」の他に「ファミコン通信」でも仕事を始めたことで、多少なりとも収入が安定してきたからだ。

自分ひとりで都心のマンションを借りるのはまだリスクが大きかったが、三人でシェアすればそれほど大きな負担にはならない。ぼくらが借りたのは家賃9万円に管理費5000円のマンションだったから、毎月一人5万円ずつ出し合えばなんとかなる。集まった15万円から、家賃と光熱費などを賄った。

事務所の名前は、三人で知恵を絞って「スタジオパレット」と決めた。三人三様の色を出し合って……という程度のニュアンスで、それ以上の深い意味はない。

スタジオパレットを始めてからは、加藤くんが芸能ライター、高倉くんが美少女評論家、ぼくがゲームライターという住み分けができていた。三人で一緒の仕事をすることは、ほとんどなかった。

この時期、ぼくの仕事に大きな変革をもたらしたものがひとつある。ワードプロセッサー（ワープロ）の導入だ。

そう、この頃までぼくは原稿をすべて原稿用紙に鉛筆で書いていた。「ファミコン通信」の仕事を始めたときも、「ファミコン通信」編集部はおろか、そのお隣の「ログイン」編集部も「月刊アスキー」編集部も、みんな手書きで原稿を書いていた。日本のコンピュータ文化を活字で啓蒙していたあのアスキー社ですら、そんな状況だったのだ。

パソコンがないわけじゃない。各編集スタッフのデスクの上には、少なくとも一人1台パソコンがある。中には2台置いてる人もいる。新作のパソコンゲームをテストプレイしなければならないのだから、それくらい当然のことだ。

なのに、原稿は紙に鉛筆で書く。なぜなら、当時はまだ印刷所がテキストデータでの入稿に対応していなかったからだ。そんな時代だったのだ。

スタジオパレットにちょいちょい顔を出す友人のひとりに、神山くんという人物がいた。彼も「よい子の歌謡曲」の投稿者だったが、フリーライターのようなヤクザな商売にはならず、真面目に会社勤めをしていた。そんな彼が、あるときポータブルワープロを持ってパレットへ遊びに来た。なんという機種だったかまでは覚えていない。東芝の「Rupo」だったか、シャープの「書院」だったか。

ぼくはパソコンに挫折したが、ワープロ専用機はパソコンほどは怖くない。だから、このときは新しいオモチャとして興味を惹かれた。ぼくはファミコンを持ってきた日の遠山のときと同じく、神山くんにも「このワープロを置いていけ」と迫り、数日間だけ借してもらうことに成功した。

当時のポータブルワープロは、画面表示能力がテキスト3行ほどしかなかった。だから、長文の原稿を書くのはかなり辛い。そもそもキーボードでの文書入力にこちらが慣れていない。そのため、できることといえば年賀状のための住所録を作ったり、カセットテープのラベルを書いたりする程度だった。

実際、カセットテープに好きな曲を入れてオリジナルテープを作ることが趣味だったぼくは、神山くんから借りたワープロでひたすらカセットレーベルを打ち込んだ。おかげで、ごく短期間にキーボード入力という新時代の執筆手段に慣れることができた。この点で、神山くんには本当に感謝している。

その後、自分でもワープロを買って、以後の原稿をワープロで執筆するようになったのは言うまでもない。

さて、エンドウさんから「ファミコン通信」を紹介されたぼくは、手始めにソフトウェアレビューを書かせてもらうことになった。最初に取り上げたのは『ソロモンの鍵』(テクモ)だ。なかなか手強いパズルゲームである。

原稿はまあ無難なものが書けたと思うが、掲載にあたって副編集長から、理不尽な命令を言い渡された。何か新しいペンネームを考えろ、というのだ。

本名が富澤昭仁(とみざわあきひと)のぼくには、名字をひらがなにして濁点も取った「とみさわ昭仁」というペンネームがある。これでずっと仕事をしてきた。なのに、別のペンネームを付けろとはナニゴトか。

詳しく聞いてみると、「ファミコン通信」では誰もが変わったペンネームを付けており、それが自分たちの個性にもなっているのだという。編集長は小島ファミ隆だし、副編集長は東府屋ファミ坊だ。「ログイン」編集部にはホエホエ新井がいて、ガスコン金矢がいる。伊藤ガビンやスタパ齋藤が入社して来たのも、ぼくが編集部に出入りし始めた頃だ。まさに魑魅魍魎(ちみもうりょう)の巣窟(そうくつ)である。

ぼくは名前でふざけるのはあまり好きではなかったのだが、郷に入っては郷に従えだ。まあ「LUIGEとみさわ」という前科もあるのだから、いまさらそこで我を張っても仕方がない。

それで、アイドルに詳しいという特徴を活かして「かつて某有名アイドルのマネジャーだった経歴を持つゲーム評論家」という架空のプロフィールを作り、「トミサワ芸能」というペンネームを考えた。本当はより芸能プロダクションらしく「トミサワ興業」にしたかったのだが、吉本興業に怒られそうだからよそうよと、却下された。

ともかく、無事に「ファミコン通信」の執筆陣に加入することができ、ソフトウェアレビューを何本か書いたところで、東府屋ファミ坊から新しい仕事の打診を受けた。バカKさん（このペンネームもどうかと思うが）という編集者が担当していた、芸能人にファミコンをしてもらいながらインタビューするコーナー「ファミコン出前一丁」が中断しているので、それを引き継いでみないか、というのだ。

「スコラ」で芸能関係の仕事をさせ

■ ファミ通でのデビュー記事

リード文に「タレントを放ったらかしてゲームをやり過ぎて事務所をクビになった」なんて書いてある。もちろん嘘なのだが、しばらく会う人ごとに「どこの事務所にいたんですか？」と尋ねられて閉口した。

てもらえないからゲーム専門誌に移ってきたというのに、「ファミコン通信」で芸能関係の仕事をさせられるのか……！

まあ、やりますよ。来る仕事は断らないのがフリーランス。それに、芸能界へのコネクションなら「よい子の歌謡曲」時代に培ったものがある。

バカKさん時代は小泉今日子→三宅裕司→古谷徹といったラインだったが、ぼくに代替わりしたのをきっかけに、これを全面的に女性アイドルオンリーに変えた。当時の「ファミコン通信」編集部には、芸能界へのコネがある人なんて誰もいなかったから、人選はぼくの趣味で決めさせてもらった。仕事にかこつけて会いたいアイドルに会う。カワイコちゃんと肩を寄せ合い、1コンと2コンを手にして楽しくゲームする。役得、役得。

初回はＶＡＰレコード期待の新人、佐藤恵美ちゃん。2回目は志村香ちゃん。以後、福永恵規、水谷麻里、山瀬まみ……と続いていく。

完全にぼくの趣味なので、有名か無名かは問わない。ひたすらぼくが会いたいアイドルに取材のアポイントをとる。あまりにマイナーなアイドルが続くと、東府屋ファミ坊から「たまにはメジャーな娘にしてよ！」と、わがままなオーダーが来るが、そういうときは、佐野量子（現・武豊夫人）や、畠田理恵（現・羽生善治夫人）や、後藤久美子（現・ジャン・アレジ夫人）といった、とっておきのマブを繰り出して、ファミ坊を納得させた。最初は嫌々ながら始めた連載だったが、なんだかんだで楽しんでもいた。

そういえば、「ファミコン出前一丁」をやっているときのエピソードとして、こんなことがあった。

あるアイドルに登場してほしくて、事務所に電話をかける。媒体（ファミコン通信）の説明をして、取材の可否を問う。ゲームコントローラーなど手にしたこともない先方のマネージャーは、初めて耳にする「ファミコン通信」という雑誌名に首をかしげる。

「その雑誌……何部くらい出てんの？」

明らかにナメた態度だ。ファミコンなんとか？　そんなオタク向けの雑誌にうちの金の卵を出せるもんか。当時、だいたいの芸能雑誌は

■ ファミ通の会員証

当時、何かの条件を満たした読者（ガバス？）に配っていたもの。1～100くらいまでの若い番号は関係者用に確保してあったようで、ぼくはファンだった島田奈美にちなんで73番を選び取った。

10万部も出ていればメジャーだった。それに比べてファミコン雑誌なんてどうせ1～2万部だろう。なんなら数千部がいいとこじゃないの？

ぼくは東府屋ファミ坊から「対外的に言ってもいいよ」と言われていた公称部数を、先方に伝えた。

「最新号で60万部くらいっスかね……」

イキっていたマネージャーが、電話口の向こうで絶句する気配を感じた。すぐに態度が豹変し、その場で取材可能な日程が告げられる。さっきまでの態度はなんだったんだ。でも、芸能界ってそういうもんだ。この程度のことでいちいち気を悪くしていたら何もできやしない。

おかげで、「ファミコン出前一丁 みそ味」（ぼくに代替わりした際に〝味変〟させた）は、人選で苦労した覚えがない。隔週でアイドルをセレクトし、アポイントを取って、撮影スタジオを押さえ、カメラマンを手配して、グラビア撮影に立ち会い、インタビューのテープを文字起こしして、4ページの記事にまとめる。そうした作業は地獄のように忙しかったが、その分ギャラはよかったし、とても充実した日々だった。ライターとしてのスキルもずいぶん上がった。隔週で1年間、連載は23回続けることができた。

そんな感じで「ファミコン通信」の仕事から得たものは非常に多いのだが、ぼくが編集部に通う過程で得た何よりの財産は、同じくフリーランスとして編集部に出入りしていた田尻智との出会いだった。

3-02

新明解ナム語辞典

ゲームフリークの話をする前に、もう一人この時期に出会った人物の話をしておきたい。

その人の名を、粕川由紀さんという。やや記憶がおぼろげだが、知り合ったときの彼女はまだナムコに勤務していた。誰の紹介だったのかは覚えていない。先に書いた「スコラ」の広告仕事だったか、あるいは「ファミコン通信」の編集部で会ったのか。いずれにしろ、「ナムコの社内に出版事業をやりたがっている人がいるから、一度会ってみれば?」というのが最初のきっかけだった。

当時、粕川さんはナムコのPR誌「N.G.」の編集を手がけていた。彼女は大学時代に板橋雅弘、えのきどいちろう、杉森昌武らのミニコミ「中大パンチ」を読んでガツンとやられたサブカル女子で、いずれはナムコ社内に正式な出版部門を立ち上げる腹づもりでいた。その野望のために、ゲームに詳しく、編集、執筆のできる人材を求めていたようだ。

そんな経緯で呼ばれたぼくは、まずは「N.G.」の制作でも手伝わされるのだろうと思ったが、彼女の口から伝えられたのは予想外の仕事だった。

当時(一九八四年)、ナムコ製品のファンに西島孝徳くんという大学生がいた。彼はナムコのゲームやそれに関連する単語をリストアップし、それぞれに解説を書き加えた「明解ナム語辞典」という企画を温めていた。できることなら文字通り「辞典」として出版することが夢だったが、そんな夢は簡単には叶わない。それでも、西島くんは一人コツコツと書き始め、原稿用紙の束を積み上げていた。プロのライターなら、そんな出版のアテもない原稿なんて書いてはいられない。ヒマな大学生だからできることだ。最終的に、書き上げた単語は約280項目に達していたという。

膨大な量の原稿（第一稿）を書き上げた西島くんは、とりあえずナムコへ送り付けた。ナムコのことを書いたのだから、ナムコへ送ればなんとかなると思ったのだろう。

当のナムコ社内では、この第一稿が届いた時点で、けっこう盛り上がったらしい。そりゃそうだ。自分たちの会社に、これほどの情熱を持って取り組んでくれるファンがいるのは、嬉しいに決まっている。

とはいえ、この原稿の束をどうすればいいのか。「N.G.」で紹介することは可能だが、このためだけにページを費やすわけにはいかない。

まず、粕川さんはこの本を刊行するためのプロジェクトを社内に立ち上げた。メンバーは……自分一人。ゆくゆくはこのプロジェクトを出版部門に育てていくとしても、いまはまだ自分だけ。そこへ、外部から助っ人として呼ばれたのがぼくだった。

初対面の粕川さんとは、すぐに意気投合した。お互いの趣味が似ており、酒好きという共通点もあった。また、彼女はぼくの2歳上で、姉と同い年という距離感もよかったのだろう。打ち合わせを終えると、いつも飲みに行っていた。のちに彼女がナムコから独立して編集プロダクションを設立すると、ぼくらの仲はさらに親密になった。「あの二人はデキてるのでは？」という噂を耳にしたこともあるが、そんなことはない。彼女はぼくにとって姉さんみたいなものだったし、仕事をたくさんくれるだけでなく、何度もご飯を食わせてくれた。お金に困ったときは借金もさせてくれた。大切な恩人なのだ。

ともかく、こうして「明解ナムコ語辞典」プロジェクトがスタートするのだが、ちょうどそのタイミングで、また西島くんから原稿用紙の束（第二稿）が届けられた。このときにタイトルは『新明解ナム語辞典』と改められ、収録語数は２８０項目から６５０項目に増大していた。一九八五年八月のことである。

西島くんが最初に書いた第一稿は、まだ文章が〝若書き〟で、ナムコ製品の素晴らしさを世に啓蒙しようとする押し付けがましさが随所に現れていた。本人も、時間が経つにつれそのことには気づいたようで、第二稿ではかなり改善されていた。その自己研鑽力は素晴らしいと思う。ただ、それでもまだちょっと青臭い部分は残されていた。それを修正し、よりリーダビリティの高いものにするのが、ぼくの役割だった。

しかし、そういう青臭さや鼻もちならなさ（本人自身がそう言っている）はありながらも、文章そのものはしっかり書けており、ぼくが手を加える必要はそう多くなかった。むしろ、それより大変だったのは、編集作業中に原稿が増えることだ。そう、実際に出版が決定してからも、西島くんは新しい語句をモリモリ追加してくるのだ！

結局、すべての編集作業が終わったときには、収録語数は1453件になっていた。

この本にはひとつ大きな特徴があって、それがあの異常に凝った装丁だ。

そもそもが、ナムコに関する用語の辞典という企画の段階で、マニアにしか売れない本になるのはわかりきっていた。そのうえ、収録語数が1453件という膨大さだ。これをコンパクトな本にして原価を抑え、できる限り価格を下げるなんて無理な相談だ。ならば、いっそのこと価格を気にせず豪華本にして、購入者の満足度を高めたほうがいい。編集チームでは早々にそういう方針を打ち立てた。

その結果、全ページ4色刷り、表紙はゲーム基板を模したプラスチック射出成形で、ダンボールの外箱入りという特別仕様となった。原価計算をしてみれば、定価は最低でも5000円以上にせざるを得ない。そんな出版企画、普通の出版社なら絶対に通らないだろう。

だけど通った。それくらい当時のナムコ——というか、ゲーム業界には勢いがあったのだ。最終的に発行元はナムコではなくソフトバンクが引き受けてくれたが、編集とイラスト提供は粕川さんが率いるナムコチームとぼくで請け負った。元製図屋の技能を活かして、ここでもぼくは図解イラストをいくつか描いている。

『新明解ナム語辞典』の現物を所有している人は奥付を確認してほしいのだが、この本の制作には少しだけゲームフリークも関わっている。どういうことかというと、本に掲載するゲーム画面にはその場面を再現するのが難しいものもある。ぼくの腕前ではそれが不可能だったから、ゲームフリークの仲間で腕のいい奴を呼び、撮影時のゲーマーをやってもらったのだ。当時、矢口渡にあったナムコ本社へ行き、ゲーマーの折原光治くんと、ぼくと、カメラマンの三人で必死に撮影した。

　この本の出版が決まったとき、西島くんはきっと天にも昇る気持ちだったことだろう。まだ大学生の身ながら、初の著書が特殊装丁の箱入りで刊行されるのだ。編集に携わったぼくも、すごい本を作ることができる喜びはあったが、その一方で嫉妬もした。なぜなら自分もライターだ

■ **新明解ナム語辞典**

ゲーム基板を模したプラスチック射出成形の表紙に外箱入りという装丁はあまりに無謀だったが、「辞典」と呼ぶに相応しい存在感は得ることができた。

から。ぼくだって箱入りの本とか出してみたいよ！

だが、こういうラッキーすぎる出来事は、ヘタすれば人生を狂わすことにもなりかねない。「おれって天才⁉」「物書きなんてチョロイ商売よ！」と勘違いしてしまうからだ。

しかし、西島くんにはそんな心配は無用だった。自分の文章が甘いことも自覚していたし、本を出して浮かれたりすることもなかった。彼は大学を卒業したあと普通に就職し、ＩＴ系のエンジニアか何かになったのだと、風の噂で聞いている。

ちなみに、『新明解ナム語辞典』の装丁は、ニューヨーク・アートディレクターズクラブ国際展と、ブルーノ・ビエン

■ ナム語辞典の図解イラスト
元テクニカルイラストレーターなので、こういった直線だけで構成されるイラストはお手の物なのだ。

ナーレで入選している。

先述したように、粕川さんは『新明解ナム語辞典』を刊行したのちにナムコを退職し、自ら編集プロダクションを立ち上げた。そこでもぼくはたくさん仕事を回してもらった。もっとも思い出深いのは『妖怪道中記』のゲームブックだろう。

『妖怪道中記』というのは、一九八七年にナムコが発表したアーケードゲームだ。いたずらが過ぎるあまり、地獄に落とされた少年たろすけを操作して地獄をめぐり、最後に閻魔様の裁きを受ける。途中の行いによって「天界」「人間界」「畜生界」「餓鬼界」「地獄界」と行き先が変わる。当時としては珍しいマルチエンディングのゲームである。これを題材にして、ゲームブックを作ることになった。

実は、『妖怪道中記』をゲームブック化する話がぼくのところに来たとき、すでに木越郁子さんという方が書き上げた原稿があった。彼女はナムコの社員だったと聞いたが、具体的にどういう部署に所属していたのかまでは覚えていない。

原稿がすべて上がっているのに、なぜぼくにこの話が来たかというと、どうもその原稿が粕川さんの思い描いていたものとは違っていたようだ。そこで、ツーカーの仲のぼくなら、それを彼女の望む形にリライトしてくれるだろうという目論見があったわけだ。

もちろん、なんだってやりますよ！　と、いつもの安請け合いをして受け取った原稿に目を通してみると、たしかにそう悪いものとは思えなかった。ただ、原作のゲームがコミカルな味わいを前面に出しているのに対して、それが原稿にはあまり活かされていない気がした。

そこで、ぼくは考えた。ちょこちょこ文章を直すことはできる。合間にギャグを足すのもいい。でも、作ろうとしているのはゲームブックである。細部を改変していくと、どんどん辻褄が合わなくなる。ならば、いっそのこと……。

ぼくは思い切って粕川さんに伝えた。「全部書き直しますよ」と。

全体の大まかな流れは、元の原稿をなぞる。でも、フローチャートはすべて組み立て直し、文章も全部書き直す。そうすれば当然〝とみさわ昭仁の著書〟ということになってしまうが、木越さんから手柄を奪うのは避けたかったので、彼女の名前も〝原案〟として残してもらうことにした。

このとき、ぼくにはまだ本というものをまるごと一冊書き下ろした経験などなかった。そのため、

■ 妖怪道中記のゲームブック

表紙イラストと本文の挿絵はマンガ家の細貝明男さん。これより少し後には、ぼくが原作を書き、細貝さんの作画によるマンガ版『妖怪道中記』も刊行されている。

完成させるのには随分と手こずった。おまけに、書くべきものはゲームブックである。物語はいくつものパラグラフに分岐して、それぞれが綺麗につながっていなければならない。何より大変だったのは、当時はまだ手書きで原稿を書いていたことだ。

いまなら、アウトラインプロセッサーやカード式のファイル管理ソフトを使うなどすれば、作業を省力化できるだろう。なんならプログラマーにお願いして、ゲームブック執筆に適したツールを作ってもらってもいい。でも、そんな時代ではなかった。

ぼくはA0判（横841×縦1189ミリ）の模造紙を買ってきて、巨大なフローチャートを書いた。それを見ながら200字詰めの原稿用紙にテキストを書いていき、できたものは「000〜009」「010〜019」「020〜029」……というように、10項目ずつに分けて管理していった。

結局、最後に「完」の文字を書き入れることができたのは、執筆に着手してから1年以上が経過した後だった。その間、粕川さんは必要以上に急かすこともなく、辛抱強く待っていてくれた。そして、この本がライターとなったぼくの初めての著書にもなった。

3-03

ゲームのために生まれた男

マイナーなエロ雑誌から始まって、「アルバイトニュース」「スコラ」「Ｍｏｍｏｃｏ」など、いくつかの雑誌で仕事を積み重ね、ぼくにもある程度は業界の事情がわかるようになってきた。

出版社には、その社が発行している雑誌ごとの編集部があり、各編集部には社員である編集長と編集部員たちが在籍している。彼らの仕事は、大雑把に言えば「企画」を考えること、「取材」に同行すること、仕上がってきた原稿の「取りまとめ」をすることの3つだ。

稀に編集者が自ら記事を制作することもあるが、ほとんどはフリーランスのライターやカメラマン、デザイナーの力に頼っている。新聞社などは昔も今も社内で作業が完結していることが多いと聞くが、雑誌をメインに発行している出版社はアウトソーシングするのが常識だった。

これは、言い換えれば、ぼくらのようなフリーランスは仕事がないときは編集部に行く必要がない、ということでもある。

懇意にしている編集者から仕事の依頼を受ける。企画の趣旨を理解したら必要な取材をする。規定の文字数に従って原稿を書き、完成したら納品する。編集部に行く必要があるのは、最初の打ち合わせと、原稿を納品するときくらいだ。ファックスがあるなら納品も自宅から済ませることができる。ひとつの編集部に縛られることのないのがフリーランスの利点だ。

だが、フリーランスの中には特定の編集部に入り浸ることを好むタイプもいる。用もないのに編集部へ行ってはダラダラ過ごす。そうやって編集者と親密な関係を築くことで、優先的に仕事を回してもらおうというわけだ。それもまた処世術のひとつだ。実際、ぼくも「スコラ」で仕事をしていたときは、編集部にいる時間が長かった。

けれど、仕事の幅が広がっていくにつれ、ひとつの編集部に依存しすぎるのはあまりいいことでないと思うようになった。なんのためのフリーランスか。なんのために一匹狼になったのか。

そんなタイミングのときに「ファミコン通信」編集部へ顔を出すようになったわけだが、ここはぼくの知っている編集部とはまた雰囲気が違っていた。なんというか、編集部のメンバーがみんな仲良しに感じられたのだ。先の〝変なペンネーム〟の話とも通ずるところがある。「ファミコン通信」の編集部には、社員もアルバイトもフリーランスも、みんなファミ通ファミリーのような空気感があったのだ。

それが悪いことだとは思わない。実際、そのノリが「ファミコン通信」や「ログイン」のイメージを形成し、多くの読者を惹き付けていたのも確かなことだからだ。

ただ、ぼくはそれには馴染めなかった。そして、同じように感じているライターが他にもいた。

それが田尻智だった。

当時の「ファミコン通信」は隔週で発行されていた。連載を持っているぼくが編集部に顔を出すのも、２週間に１回。打ち合わせは電話で済ませ、編集部に行くのは書き上げた原稿を担当編集者に渡すときだけ。それでＯＫをもらったら、もう用はないので編集部を辞する。トータルの滞在時間で言えば、月に３時間もなかっただろう。そして、同じく連載を持っていた田尻も、ぼくと同じような頻度でしか編集部に来ない。となると、ぼくらが編集部で出会う確率は非常に低くなる。

「ファミコン通信」で仕事をするようになってから、どれくらいの期間が経った頃だろうか。たまたま原稿の仕上がりが間に合わず、編集部の机を借りて原稿を書いていると、東府屋ファミ坊がやってきて言った。

「君が会いたがってた田尻くん、今日これから来るってよ」

積極的に連絡を取ろうとは思わなかったが、いつかは会えるだろうと思っていた。それがこの日だったのである。

本腰を入れてゲームライターを目指すぞ、と考えていたぼくにとって、田尻智は憧れの存在だった。一方で田尻は「よい子の歌謡曲」を愛読しており、その執筆者であるぼくが「ファミコン通信」で書き始めたということで、やはり会いたかったのだと言う。そんな二人がようやく邂逅できた。

出会ったその当日だったと思うが、ぼくは田尻から「事務所へ遊びに来ませんか」と誘われた。事務所あんの？　と驚いたね。当時のぼくはまだスタジオパレットを開設する前で、原稿は自宅で書いていた。それなのに年下の彼が自分の事務所を持っているのだ。たいしたもんだなあと関心した。

下北沢にあるというゲームフリークの事務所へ向かう間、ぼくと田尻は堰を切ったようにゲームの話をした。いまどんなゲームにハマっているのか。話題のゲームの良いところ、悪いところ。なかでもよく覚えているのは『ジャンピューター』の話だった。

『ジャンピューター』というのは、一九八一年にアルファ電子がアーケード用に発表した麻雀ゲームだ。

その当時のぼくは専門学校に通いながら、蒲田や有楽町にあるゲームセンターを根城にしていた。見たことないゲームにはとりあえずコインを入れて遊んでみるが、『ジャンピューター』だけは遊んだことがなかった。なぜなら、ぼくは麻雀ができないからだ。知らない遊びのゲームはできるわけがない。

田尻はぼくより4歳下なので、彼が『ジャンピューター』と出会ったのは高校1年生のときだ。彼もその時点では麻雀の未経験者だったそうだが、しかし、ここからが凡人とは違う。

無類のゲーム好きである彼は、この世に「自分のプレイできないゲーム」があることが耐えられず、『ジャンピューター』を遊ぶためだけに麻雀のルールを勉強したと言うのだ。

そのとき、ぼくは「ああ、この男はゲームをやるために生まれてきたんだな」と悟った。

これよりずいぶん後になってからの話だが、麻雀については『ポケモン』の総合プロデューサーである石原恒和氏から、とてもおもしろい話を聞いたことがある。

田尻がゲームフリークを株式会社として起業し、ぼくもそこに所属していたときのことだ。田尻は、取引先である株式会社クリーチャーズの石原社長（当時）らと集まって、ときどき麻雀を楽しんでいた。麻雀のできないぼくがその集まりに参加することはなかったが、あるとき賭け麻雀をしているのだと知って（※現金を賭けているとは言ってませんよ）、不思議な気持ちになった。なぜなら、テレビゲームのおもしろさを熟知している彼らのことだから、麻雀もギャンブルではなく、純粋に遊戯として楽しんでいるのだと思っていたからだ。

その疑問を、直接ぼくは石原社長へぶつけてみた。

「石原さんたちでも、やっぱり麻雀は賭けないとおもしろくないものなんですか？」

すると、こんな答えが返ってきた。

「麻雀は高度な戦略性を秘めた、とてもよくできたゲームです。それだけで十分おもしろいものですよ。だけどね、たとえジュース1本でも、何かを賭けると〝もっとおもしろくなる〟んですよ」

わかるだろうか。この短い答えの中に、ゲーム作りの大きなヒントが隠されていることが。

話を戻す。ぼくは出会ったばかりの田尻と一緒に、彼の事務所へ向かっているのだった。

渋谷から井の頭線で下北沢に向かい、下北沢の駅から三軒茶屋方向へ15分ほど歩いて行った先。茶沢通りと淡島通りの交わる代沢十字路に建つアパートの一室に、目指す田尻の事務所、すなわちゲーム攻略サークル「ゲームフリーク」はあった。

ドアを開け、室内に足を踏み入れてまず最初に目に入ったのは、テーブル型のゲーム筐体だ。

えっ、ゲーム筐体って個人で買えるの？　と業界初心者のぼくは驚いたのだが、田尻は中古の筐体やゲーム基板を売ってくれる業者がいることを教えてくれた。

その日は平日の夕方だったので、ゲームフリークのメンバーが集まることはなかったが、若いプログラマーが一人だけいて、机の上のパソコンに向かって作業をしていた。それが何なのかはぼくにはわからなかったが、田尻が「ファミコンソフトを作っているんだ」と教えてくれた。アパートにゲーム筐体が置かれていることにも驚いたが、それ以上の驚きである。ファミコンソフトって、個人で作れるの!?

いや、ぼくだってファミコンソフトは作った経験がある。『エアロビスタジオ』をすでに製品として世に送り出しているのだから、ゲームクリエイターとしてはこっちが先輩だ。

しかし、ぼくのやっていたことと、ここでゲームフリークがやっていることには、あまりにも大きな隔たりがある。彼らはオフィス

■ ゲームフリーク発祥の地
これが今もまだ下北沢に残っている代沢アルス。2階にゲームフリークの事務所があった。1階がバイク屋さんなのも当時のままだ。

を借りて、机の上に開発機材を並べ、何やら難しそうなプログラミングに取り組んでいる。一方、ぼくはと言えば、新聞紙の上でエアロビダンスを踊っていただけだ。どちらが「ゲームを作っている」かと言えば、考えるまでもないだろう。

そのとき、ぼくは痛切に「ここに加わりたい」と思った。「よい子の歌謡曲」に参加を熱望したときの衝動にも似ている。まだ、自分に何ができるかはわからなかったけれど、とにかく、ここに参加すれば自分も何者かになれるような気がしたのだ。

3-04

ゼビウス1000万点への解法

『スペースインベーダー』の大ヒットを契機として、全国各地にゲームセンターが作られ、ビデオゲームという新しい娯楽が一般にも浸透した。

とは言っても、ゲームファンの多くはパチンコや、麻雀、ボウリング、スケートといった数ある娯楽のうちのひとつとしてゲームを捉えているだけだ。たいていの者はひととき熱中するが、飽きれば去っていく。しかし、なかにはゲームというものに特別な感情を抱くマニアも現れる。

誰よりもゲームに詳しく、上手くなるために、情報を集める。しかし、当時はゲームの情報が載っている雑誌など世の中にはなかった。したがって、人気のゲームを攻略するためには、マニア同士での口コミ情報に頼ることになる。

「どうしても『ドルアーガの塔』の29階が解けない……」

「新宿のキャロットで29階を突破した奴がいるらしいって！」

「マジか、宝箱の出現条件は？」

「見てた奴によると、その場でギルがくるくる回ってたって言うんだ……」

一九八〇年代、初頭――。

ゲームの攻略や研究を効率的に行なうため、マニアたちは仲間を集めてサークルを結成し始める。東京都・巣鴨の有名サークルだったＶＧ２連合は、元は一九八一年に結成された高島平ゲーム愛好会が母体だった。富山県・高岡市では、一九八二年の六月にＴａｍｐａ（高岡アミューズメントマシン同好会）が結成された。このように、同種のサークルは日本全国で同時多発的に出現していった。

そして、田尻智のゲームフリークもまた、そうしたゲームサークルのひとつである。

ゲームフリークがどのようにして生まれたのか？　創設者の田尻智と、その盟友である杉森建が過去のインタビューに答えた情報を合わせて要約すると、次のようになる。

一九八三年、国立東京工業高等専門学校に通っていた田尻は、日々のゲームセンター通いで得たビデオゲームの知識を、同好の仲間と共有したいと考えていた。そのための最適な方法は同人誌――ミニコミを作ることだ。幸いにして田尻は、子供の頃から興味のある分野を調べて研究する能力に長けていた。

田尻はさっそくゲームの情報を文章にまとめ、説明のための図解を描き、小冊子の形にまとめた。特集は、多くのゲームファンが注目していた『ゼビウス』をピックアップした。

出来上がった創刊号は、Ａ５版の全14ページ。モノクロコピーをホチキス留めしただけの粗末なものだったが、田尻はその出来栄えに満足した。

誌名は、考え抜いた末に「ゲームフリーク」と命名する。これは雑誌としての名前であるだけでなく、このミニコミを中心にやがて集まってくるであろう仲間を表す言葉でもあった。「フリーク」という単語には、ファンでも、マニアでも、オタクでもない。多感な時期にビデオゲームと出会い、将来進むべき道をゲームによってＦｒｅａｋ Ｏｕｔ（異化）されてしまった自分自身の、ある種の決意表明が込められている。

当時、新宿三丁目には「フリースペース」という名のミニコミ専門店があった。田尻はそこへ「ゲームフリーク」を持ち込んだ。頒布価格２００円という手頃さもあってか、瞬く間に売り切れた。彼がそうした情報誌を必要としていたように、多くのゲームファンもゲームの情報誌が登場するのを待ち望んでいたのだ。

そんな希少な創刊号を手にした人間の一人が、現在もゲームフリークで取締役兼アートディレクターを務める杉森建だ。

当時、高校生だった杉

■ ゲームフリーク創刊号
表紙には、田尻自身が描いた『ディグダグ』のドット絵が。タイトルロゴの下にかすかに見える「TAJI CORP.」というのは、まだゲームフリークを組織化する前に彼が名乗っていた自身の事務所名である。

森もまた、ゲームの魅力に取り憑かれた少年の一人だった。将来はマンガ家になることを夢見ていた杉森には、多少なりとも絵心がある。イラストが描けるという能力を提供すれば、自分もこのサークルに参加できるだろう。そう考えた杉森は、田尻にコンタクトを取る。

ミニコミ「ゲームフリーク」は、初めのうちこそ雑多なゲーム情報を扱っていたが、次第に各号ごとに注目のゲームの攻略法を紹介するスタイルに変わっていく。まだ世の中にゲームの攻略本など存在しなかった時代だ。

ゲームフリークでは、ある号では『ドルアーガの塔』の攻略を、ある号では『ドラゴンバスター』を、またある号では『スペースハリアー』をというように、話題のゲームを攻略しては、その技術解説を冊子にまとめてコンスタントに発行していった。その作業が自分達の手に余るときは、ゲームフリークを通じて親しくなった全国の読者（仲間）に協力を仰いだ。そうして、一人、また一人とメンバーが増えていく。

時期はこれより少し後になるが、田尻に誘われて参加したぼくもまた、そんなアマチュア時代のゲームフリークに魅力を感じた人間の一人である。

ミニコミ「ゲームフリーク」が発行部数を伸ばすにつれて、田尻とゲームフリークはマニアたちの間でその名を広めていく。そして、アマチュア時代のゲームフリークを語るうえで欠かせないのが、同人誌の創刊号でも特集した『ゼビウス』だった。

そもそも『ゼビウス』とはどんなゲームだったのか？　日本におけるゲーム文化の発展と、それを支えてきたマニアたちの歴史において、その登場は「事件」と呼ぶべきものだった。

元々は『シャイアン』というタイトルが付されていたこのゲームは、ベトナム戦争を題材にしたシューティングゲームになる予定だった。ところが、開発途中で放置されていたそれを、ナムコに入社して2年目の遠藤雅伸が引き継ぐことになる。

この時点で、

一、画面は縦方向にスクロールする。
二、攻撃は空中の敵と地上の敵を2層レイヤーで撃ち分ける。

といったゲームの基本構造はできていた。遠藤氏はこのシステムを継承しつつ、プレイヤーの操作する自機を米軍のヘリコプターからソルバルウという未来の戦闘機に変更した。攻めてくる敵も、知的生命体ガンプに率いられたゼビウス軍に変わり、飛来する敵機は銀色に輝く幾何学的な形状のデザインで統一された。つまり、戦争のイメージを捨て、SF作品に方向転換したわけだ。

『ゼビウス』がリリースされたときのキャッチフレーズは、「プレイするたびに謎が深まる！　～ゼビウスの全容が明らかになるのはいつか～」というものだった。実際、『ゼビウス』には、特定の場所にミサイルを打ち込むと「ソル」や「スペシャルフラッグ」といった隠しキャラクターが出現するギミックが仕込まれていた。当時は隠しキャラなど珍しく、これがマニアたちの心をつかんだ。彼らはその正確な位置を知ろうと必死になり、様々な情報がマニア間を駆け巡った。

また、このゲームの世界観を構築するにあたり、遠藤氏は「ファードラウト・サーガ」という小説も執筆した。設定を強固なものにするため、ゼビ語なる独自の言語体系まで用意するという凝りようだ。「ゼビウス」や「ソル」はもちろん、「トーロイド」「タルケン」「ゾシー」「ギド・スパリオ」といった敵兵器も、すべてゼビ語の法則によって命名されている。

しかし、繰り返しになるが、当時はまだゲームの情報誌などというものはなかったのだ。インターネットもなければ、パソコン通信すらない。ゲームマニアがこれらの謎を解明しようとするためには口コミを頼りにするしかなく、そうすれば真贋不明の情報が飛び交うことにもなる。まさに「プレイするたびに謎が深まる！」だ。その結果として何が起こったか。

根も葉もない噂やデマの流布である。

たとえば、各ステージの合間に飛来する謎の金属板「バキュラ」。これはどれだけザッパー（空中物を撃つための武器）を撃ち込んでも破壊できないはずだが、画面内にいるうちに256発撃ち込むと破壊できる、という噂がまことしやかに流された。

多くのプレイヤーが「我こそは全国初の破壊者にならん」とボタンを連打したが、それを達成できた者はいない。当たり前である。そのようにはプログラムされていないのだから。

「犬が出る」という噂もあった。『ゼビウス』の世界観の中で犬は違和感がありすぎる。なぜそんな噂が広まったのかというと、犬は『ゼビウス』がまだ『シャイアン』だったときに用意されていたキャラクターで、それがプログラムの中に残っており、バグによって出現するということらしいのだ。

『ゼビウス』の噂でとくに物議を醸したのは「ゼビウス星に行ける」というものだ。どこかのステージで、特定の条件を満たした行動をとる。すると「タランチュラ」が出現し、その後、ゼビウス星に飛んでいき、あるはずのないエンディングが始まるというのだ。

この噂に飛びついたのが田尻だった。もちろんストレートに信じたわけではない。『ゼビウス』に対して誰よりも強い興味を持っていた彼は、あちこちのゲームマニアに声をかけて噂を検証していった。それが逆効果となり、「田尻が『ゼビウス』に関するデマを流している」と、マニアたちから批判される事態を引き起こしたのだった。

それは田尻にとって苦い思い出となったが、その一方でゲームフリークの名を一躍全国区にもしてくれた。

ゲームフリークの伝説として、いまでも語り継がれるものに「ゼビ本」がある。正しい書名を「ゼビウス1000万点への解法」といい、これは当時のスーパープレイヤーだった大堀康祐氏が、自身の手で調べ上げた『ゼビウス』の攻略法を友人の中金直彦氏と共にまとめたものだ。それを大堀氏からの依頼で「ゲームフリーク」の別冊として再編集し、ゲームフリークが築いていた全国の販売網に乗せたのである。

　ごく一般的なゲームファンにとって、シューティングゲームとしての『ゼビウス』は手強いゲームだ。最初こそ敵の戦闘機をそれなりに撃破して気持ちよく進んでいけるが、次第に敵の攻撃は激化し、あっという間にゲームオーバーとなる。ところが、敵の出現パターン、飛来するアルゴリズム、ボーナス点の稼ぎ方など、コツさえつかめばどんどん先へ進めるようになる。

『ゼビウス』のおもしろいところは、スコアが一定の数値に達するたびに、自機のストックが増えることだ。どんどん得点を稼いでストックを増やしておけば、多少ミスしたと

■ コミケカタログのサークル案内
第何回のコミケカタログかは不明だが、ゲームフリークが「ゼビ本」を引っ提げてコミケに参加したときのサークル案内。頒布価格300円。いま市場に出てきたらこの10倍の金額を払っても買えないだろう。

ころでゲームオーバーになることはない。もちろんそれは容易なことではないのだが……。

ビデオゲームのスコアには、カウンターストップと呼ばれる上限がある。コンピュータはメモリの関係で無限に計算できるわけではないので、開発者が「このゲームでこれ以上のスコアがカウントされる可能性はないだろう」と予測した数値でカウントを止めてしまうのだ。『ゼビウス』の場合、それが９９９９９９０点（キューヒャク、キュージュー、キューマン、キューセン、キューヒャク、キュージュッテン！）だった。そんな数字には、誰も到達するはずがないと思われていたし、実際、ある時期まではその通りだった。

ところが、大堀氏は日本で初めてその壁を突破した。スコアが９９９９９９０点になってもゲームオーバーにならずにゲームを続けられているということは、１０００万点を突破したということだ。そのノウハウを詰め込んだのが「ゼビウス１０００万点への解法」というわけである。

手書きのオフセット印刷で作られたミニコミながら、「ゼビ本」は売れに売れた。噂を聞きつけた日本中のゲームマニアから通販の注文が殺到して、田尻は毎日のように発送作業に追われた。ＹＭＯの細野晴臣さえも持っていると言われるほどだ。最終的に「ゼビ本」は１万部以上を売り切ったという。

3-05

京都へのアウトラン

ゲーム以外のことでも、田尻からはたくさんの影響を受けた。そのひとつに映画がある。

それまでもぼくは映画が大好きで、スタジオパレット時代には曙橋の事務所から靖国通りを自転車で駆け、新宿歌舞伎町まで通っていた。当時、歌舞伎町には大小の映画館が数え切れないほどあった。思い出せるものから挙げていくと、新宿ミラノ、シネマスクエアとうきゅう、歌舞伎町シネマ、新宿ジョイシネマ、新宿スカラ座、新宿東映パラス、新宿グランドオデオン座……とキリがない。

好んで見るのは、ハリウッドの大作アクション映画が多かった。「東京おとなクラブ」や「突然変異」のような雑誌に触れたことでサブカルの洗礼を受けてはいたが、自分からカルト映画を深掘りするようなことはしていなかった。

ただ、唯一の例外が、トッド・ブラウニング監督の『フリークス』(一九三二年)だ。

『フリークス』とは、旅回りの見世物小屋を舞台にしたサスペンス映画である。見世物小屋というだけあって、劇中には手足がなく首と胴体だけの人物や、シャム双生児、小人症、小頭症など、たくさんのフリークスたちが登場する。これらはすべて本当にそういった症状を持つ人々が演じていた。つまり、この映画そのものが〝見世物小屋〟なのである。

ぼくが最初に『フリークス』の存在を知ったのは、「東京おとなクラブ」か「突然変異」か、あるいは「写真時代」だったのか定かではないが、とにかく雑誌の誌面で紹介されているのを読んでショックを受けたのを覚えている。時期としては魚藍坂でテクニカルイラストレーターをしていた頃だ。そのショッキングなスチール写真の数々は、ぼくの味気ない日常にキツい刺激を与えてくれた。この映画を見てみたい！　強くそう願った。

いまでこそ、世界中の映像作品がビデオソフトやサブスクリプションで容易に鑑賞できるようになったが、80年代の初めくらいまではビデオが一般には普及しておらず、映画は映画館で上映されているものを見るか、テレビで放映されたものを見るしかなかった。

見たい映画があったとしても、それがアンダーグラウンドなものだった場合、普通の映画館ではまず上映されないし、テレビでも放映されることはない。しばらくするとレンタルビデオ屋が登場するのだが、それでも棚に並んでいるのは一般の人が見たがるようなメジャー作品ばかりだった。

■ フリークス

1932年、日本での公開時の邦題は『怪物團』。現在は著作権切れのため、DVD化もされているが、探せばネットでも全編見ることができる。

そこで、こういったものを好む人間はどうするかというと、フィルム上映会に足を運ぶのである。映画好き必携の情報誌に「ぴあ」がある。あるとき、そのページをめくっていたら、「黙壺子フィルム・アーカイブ」という奇妙な名前の上映会があることに気づいた。主催していたのは映画評論家の佐藤重臣で、そこでは『フリークス』も上映しているという。同時上映は『ピンク・フラミンゴ』（一九七二年）。初耳のタイトルだったし、監督であるジョン・ウォーターズという名前にも聞き覚えはなかったが、なんでもいい。とにかくあの『フリークス』が見られるのだ！　ぼくは喜び勇んで、会場の「アートシアター新宿」へ出かけていった。

そこで見た『フリークス』は期待通りの素晴らしさだったのだが、実はそれ以上に衝撃を受けたのが、併映の『ピンク・フラミンゴ』だった。いったい、なんだ、これは……。

■ ピンク・フラミンゴ
悪趣味王子こと本作の監督ジョン・ウォーターズは、田尻がもっとも尊敬する映画監督だ。その風貌がどことなく田尻自身にも似ているように感じるのは気のせいか。

主人公バブス・ジョン

ソンを演じるのは、トランスジェンダーとして知られるディヴァイン。彼女は、玉子しか食べない母親や変態息子のクラッカーといった家族とトレーラーハウスで暮らしている。当然ながらバブス自身も変態で、スーパーマーケットでは生肉を股間に挟んで万引きしたり、道に落ちてる犬の糞をうまそうに食べたりする（造り物ではなく本物を！）。そんな中、タブロイド紙がバブスを「世界でもっとも下品な人間」と書きたてたことで、近所のマーブル一家と「どちらがより変態か」を競い始める、というストーリーだ。

数年後にビデオ化されたときには随所にボカシが入っていたが、ぼくが黙壺子で見たフィルムは完璧なノーカットだった。性器もすべて丸写し。変態息子が鶏を交えて３Ｐする場面もノーカット。きっかけは『フリークス』見たさに足を運んだ上映会だったが、まるで期待していなかった併映の『ピンク・フラミンゴ』にぼくは思い切り打ちのめされたのだ。

日本のゲーム史を語る流れの中で、なぜこんな話を書いているのかというと、当時まだ高校生だった田尻智もこの上映会に足を運んでいたからだ。もちろん、同日同時刻の上映に来ていたわけではないし、当時のぼくは田尻のことなど知るはずもない。のちに友人となり、いろいろと情報交換をしているうちに、お互いが「黙壺子」に通っていたことを知ったのだ。

『アクアノートの休日』や『巨人のドシン』といったアート色の強いゲームの作者として知られる飯田和敏氏もまた、『ピンク・フラミンゴ』のようなカルチャーの洗礼を受けた人物だ。若き日の彼も黙壺子で上映会があることには気づいていたそうだが、本人曰く「高校生が気安く行けるところではなかった」という。まさしく、その通り。会社員のぼくだってビビりながら会場の暗闇にいたのだ。高校生の田尻が、よくぞあんなアンダーグラウンドな場所に足を運んだものだと思う。

このエピソードからもわかる通り、田尻はカルチャーに対してかなり早熟で、早い段階から実験映画やカルト映画のような、一般にはあまり知られていない作品を追い求めていた。当時、田尻が下北沢に借りていたアパートにはたくさんのビデオコレクションがあり、ゲームフリークでの作業を終えるとぼくらスタッフを招いて、そういった作品群を見せてくれた。

たとえばフランク・ペリーの『泳ぐひと』（一九六八年）は、マンハッタンの高級住宅地に海パン一丁で現れた一人の男が他人の家の敷地へ侵入し、庭のプールを泳ぎながら次の家へと進んでいくというおかしな映画だ。『クインティ』に登場する「スイマー」というキャラクターは、この映画の主人公をヒントにしたものだ。

他にも、デヴィッド・リンチ、デレク・ジャーマン、ケネス・アンガーといった、当時のぼくは名前すら知らない監督たちの映画や、怪しい実験映像、ビデオアートなど、手当たり次第に見せてくれた。金属製のメカが火花を散らすサバイバル・リサーチ・ラボラトリーズのマーク・ポーリンや、ポーランドの映像作家ズビグニュー・リプチンスキーなどは、田尻のおかげで知ることができた。

彼としては、こうした映像をぼくらに見せることで、スタッフを教育する意図があったのだと思う。

ゲームファンには、アニメやマンガを愛好する者が多い。単にファンの立場で日々を楽しく過ごしていたいのなら、それでもかまわない。だが、メディア上でゲームを評論したり、あるいは作り手を目指すなら、それでは不十分だ。

当時の田尻は、よく「ゲームからゲームを作ってはいけない」と言っていた。ゲームしか知らない人間が作ったゲームは、薄っぺらいものになる。そうではなくて、ゲーム以外の楽しみや、驚き、美しさ、あるいは醜さ、快感、ときには不快感など、様々な感情や表現を知っているほど、そこから生み出されるゲームは豊かなものになる。そこまで直截的な言葉で指導されたわけではないが、ぼくはそういう意味だと受け取った。

世界には、まだまだおもしろいものや、不思議なもの、奇妙なもの、刺激的なものがある。それらをどんどん知識として自分の中に蓄えていってほしい。それは映像だけにとどまらず、あらゆるホビーや、スポーツにも言える。麻雀を覚えることもそうだし、クルマを運転することだって同じ。彼は常にそういうメッセージを発していた。

一九八七年のある日。ぼくは田尻と二人で京都までドライブに出掛けた。その目的はふたつある。ひとつは、ゲームフリークの仲間が本業の都合で京都へ一時的に転勤していたので、久しぶりに会いに行くこと。もうひとつは、そのとき京都でロックバンド「少年ナイフ」のライブと、ケン・ラッセルの映画『肉体の悪魔』の上映会があったので、ついでにそれらも見てしまおうという計画だ。

東京から京都へ向かうなら、普通は新幹線を選ぶ。だが、当時のぼくらにはそんな贅沢をするお金はなかった。そのため、田尻の提案でクルマに乗って行くことにした。彼は運転することも大好きで、中古のグロリアを所有していた。もちろん運転するのは田尻で、免許のないぼくはずっと助手席だ。さすがにガソリン代は割り勘にさせてもらったが、まったく申し訳ないことである。

東京から京都まで、東名高速道路を利用すれば6時間ほどで着くだろうか。しかし、ぼくらは高速代も節約するため、一般道だけを選んで走っていった。夕方に下北沢を出発して一晩中走り続け、京都に着いたのは翌日の朝。途中、ぼくは二、三度寝てしまったが、田尻は一睡もせずに運転してくれた。いくら運転するのが好きだといってもタフすぎる。

ぼくは、ひたすらハンドルを握る田尻に聞いてみた。そんなに運転し続けていて辛くないのか、と。

すると、彼はこう答えたのだ。

「辛くないっスよ。『アウトラン』やってると思えば、ぜんぜん楽しい！」

こりゃ、一生こいつには勝てない、と思った。田尻智は、本当にゲームの神様に愛された人間なのだ。

3-06

ゲームとの向き合い方

ゲームフリークの仲間に加わったことで、ぼくは必然的に彼らと共通の時間を過ごすことが増えていった。

当時のぼくは松戸の自宅にはほとんど帰らず、曙橋のスタジオパレットに泊まり込んで生活していた。それがゲームフリークに参加してからは、少しでもヒマができると下北沢へ向かうようになる。彼らの事務所では『クインティ』の開発中ということもあり、行けば必ず誰かがいた。ゲームという趣味を通じてできた新しい仲間に会えるのが、嬉しくてたまらなかった。

ゲームフリークに行ったからといって、『クインティ』の開発に参加していないぼくが何をするわけでもない。作業をしている彼らの横でぼんやりファミコンをしたり、テーブル筐体でビデオゲームに興じたりするだけだ。事務所には田尻がコレクションしていたアーケードゲームの基板がいくつもあり、遊びたいものをリクエストすれば、セッティングしてくれた。大好きだった『ミサイルコマンド』などは、ゲームセンターよりもゲームフリークの事務所でプレイした回数の方が多いくらいだ。

ゲーム筐体の内部を見たのはこのときが初めてだった。田尻が慣れた手つきで基板を引っ張り出し、それまで挿さっていた『ゼビウス』の基板からハーネスを外し、『ミサイルコマンド』に付け替える。『ゼビウス』は縦画面なので、『ミサイルコマンド』で遊ぼうと思ったら基板を交換するだけでなく、モニターも縦から横へ向きを替えなければならない。

コントロールパネルは、1プレイヤー側に汎用性の高いジョイスティック＋2つボタンのものが取り付けてあり、2プレイヤー側には『ミサイルコマンド』用のトラックボールタイプが常時装着してあった。田尻もこのゲームが大好きだったからだ。『ミサイルコマンド』を遊ぶときには、内部のディップスイッチで

■ ゲームフリークに馴染む

まだゲームフリークの仲間になったばかりの頃の写真だが、必要以上に馴染んでしまっている。今ではファンシー絵みやげ研究家の山下メロさんくらいしか履かないケミカルウォッシュのジーンズが時代を感じさせる。

使用するコンパネを2P側に設定すればいい。

そういえば、ディップスイッチなんて言葉を知ったのもこのときが初めてだ。これをいじることで、ゲームの難易度、クレジット数などゲームを構成する様々な要素が変更できる。田尻は「ドイツ語で遊ぼう」と言って、『ミサイルコマンド』の言語表示をドイツ語にして見せてくれた。ゲームオーバーになると画面一杯に「DAS ENDE」と表示され、ぼくらはゲラゲラと笑い合った。

そんなふうにゲームまみれの時間を過ごし、腹が減ってくれば手の空いている仲間と食事に行く。当時の下北沢には安くてうまいメシ屋がたくさんあった。たいしてお金のなかったぼくらは、ラーメンもチャーハンも150円くらいで食わせてくれる「蜂屋」という激安の町中華にお世話になった。

もっとも多く利用したのは下北沢の有名店「珉亭」だろう。ブルーハーツのヒロトがアルバイトしていたことでも知られる店だ。ここの名物は辛白菜が乗った江戸っ子ラーメンと、ラーチャン（半ラーメンと半炒飯のセット）。いったいこれまで何度食べたか数えきれない。二階のお座敷には古今亭志ん朝や忌野清志郎など、この店を訪れた有名人の色紙が飾ってあり、それらを眺めながら餃子でビールを飲るのもまた楽しかった。

メシを食ったり、酒を飲んだりしているときに話すのは、やはりゲームの話題が多い。そこでぼくはたくさんのことを学んだ。

それまでのぼくにとって、ゲームというのはただの遊びでしかなかった。筐体に百円硬貨を投入して、5分、10分、調子がよければ30分ほどの時間を潰させてくれるもの。いや、時間潰し以外の喜びがないわけではなかったが、かといって、それ以上の意味があるとも思っていなかった。おそらく、世間一般のゲームファンも皆同じような考えだったはずだ。

　けれど、ゲームフリークの面々はその先を見据えているように思えた。少なくとも代表の田尻はそうだったはずだ。コンピュータテクノロジーは技術の進歩によって進むべき道筋が変化するものだから、誰にも正確な未来は予測できない。それでも彼は3年先、5年先、10年先のゲームがどうなっているかを想像する

■ 下北沢・珉亭

下北沢のランドマークとも言える珉亭は、駅前再開発の波をかき分け、いまだ健在。とはいえ建物自体は老朽化しているので、果たしていつまでこの場所で営業を続けられるのやら……。

努力は怠っていないように思えた。

ぼくは、はっきり言ってゲームが下手だ。どのくらい下手かと言えば、『ゼビウス』ならギリギリでエリア7まで辿り着けるかどうかという程度。ナスカの地上絵を見ると、つい気が緩んでゲームオーバーになってしまう。そして、ゲームの下手な人間にありがちなように、プレイが上手くいかないとゲーム機を叩いたりすることがあった。

まったく恥ずかしい限りだが、そんなふうにゲーム機を乱暴に扱うことを、田尻はとても嫌がった。

「ゲームオーバーになったのはゲーム機のせいじゃないよ」

おっしゃる通りだ。あるファミコンのクソゲーに腹が立ち、壁にカセットを投げつけて破壊したという話を武勇伝のように語ったぼくに、彼は「ゲームを壊すことが笑える話だとは思えないな」と悲しそうな顔で言う。これまたおっしゃる通り。ぼくは何も反論できなかった。

田尻はとても丁寧にゲームをする。左手の指でジョイスティックをそっとつかみ、右手の指で優しくボタンを連打する。速くて正確な動きで、飛来するゼビウス軍の戦闘機を的確に撃破していく様子は、まるでピアニストのようであり、熟練の職人のようでもある。見ていてうっとりするほどだった。

ゲームが上手い人は、ぼくと何が違うのだろう。手先の器用さ？　運動神経？　たくさん回数をこなすこと？　それも一理はあるだろうけれど、それだけじゃない。手先の器用さならぼくだって自信がある。田尻はそれほど運動神経のいい人間とも思えない。プレイ回数で言えば、ぼくだって彼に負けてはいないはずだ。

彼とぼくの最大の違いは、ゲームのことをよく観察しているか、していないか、だった。

それまでのぼくは、ゲームをスタートさせると闇雲にミサイルを撃ち、場当たり的に相手の攻撃を避けようとしていた。だからぼくの撃ったミサイルは敵に当たらないし、避けた先には敵が待ち構えていたりする。

ところが、田尻のように上手なプレイヤーは、まずそのゲームがどのような理屈でデザインされているかを考える。他人のプレイをよく観察して、出現する敵や障害物がどのようなアルゴリズムで制御されているかを読み解く。自分が操作するキャラクターには何ができて、何ができないのか。自分の撃った弾は1画面内に何発まで表示されるのか。自キャラのジャンプはどの高さまでなら届くのか。体力回復のアイテムはどの位置に隠されているのか。そういったことを調べて、覚えて、自分のプレイに反映させる。だからプレイに無駄がない。


いつだったか、仲間内でナムコの『ドラゴンスピリット』が流行ったとき、溝の口にあるゲームセンターまで遠征したことがある。

田尻はかなり先のステージまで自力で進められたが、エリア9のラスボスを倒すまでには至らない。ぼくは、エリア9どころかエリア3か4まで行ければマシな方だった。ボスを倒してエンディングを見るためには特訓が必要だ。そこで、田尻の友人がアルバイトをしているゲームセンターで、閉店後にタダでゲームをやらせてもらおうというわけだ。そのアルバイト――友達相手にも敬語の〝ですます調〟で喋るので通称「デスくん」と呼ばれていた彼は、『ドラゴンスピリット』など余裕でクリアするという凄腕のゲーマーである。田尻とぼくは、彼に教えを乞うた。

そのときに教わったのが、前記したような「アルゴリズムを理解しろ」ということだった。デスくんは説明があまり上手ではなく、難所に差し掛かると「ここは気合いで乗り切るのじゃよ！」など漠然としたことしか言わなかったが、笑いながら田尻がその意味を補足してくれた。

このときの体験がなければ、ぼくはゲームデザイナーにはなれなかったと思う。プレイヤーとしてゲームの構造を学んだことで、それを逆算すればゲームデザインができることに気づけたのだ。

なぜ自分はこのポイントで苦しむのか？

それはプレイヤーを困らせようとする意図がアルゴリズムで表現されているから。

なぜ自分はこのポイントで爽快感を得るのか？

それは作者が意図したアルゴリズムの裏をかくことができたから。

仕掛けと逆転。

後年、一緒にゲームを作るようになって、田尻はこんなことも教えてくれた。

「敵キャラでも、トラップでも、ゲーム中のアイデアを考えるときは、その攻略法もセットで考えるといいんですよ」

難しい仕掛け――プレイヤーの足枷になるようなことを考えるのは簡単だ。穴を大きくすればいいい。敵の速度を上げればいい。弾の数を増やせばいい。

でも、それじゃゲームは楽しいものにならない。その難しい仕掛けを、どのように攻略できたらプレイヤーは気持ちいいと感じるか？　そこまで考えて、初めてそのアイデアはゲームの中で活かされる。プレイヤーを苦しめるアイデアを逆に利用して、敵への攻撃に転じることができる。一発逆転が生まれる。そんなアイデアが出せたら最高だ。

第4章 ゲーム雑誌の日々

4-01

ゲームフリークとその周辺

ゲームフリークの仲間に入り、ゲームマニアたちとその界隈で遊び歩いていると、たくさんのおもしろい連中と知り合うことができた。ここでは、そんな人々の中からとくに印象深かった人物を三人ほど紹介しておきたい。

まず最初に思い浮かぶのは、当時のニックネーム〝うる星あんず〟こと、大堀康祐氏だ。第3章で書いたように、彼は『ゼビウス1000万点への解法』の著者でもある。誰よりも先んじて1000万点に到達したのだから、凄腕のゲームプレイヤーだと言っていい。

当時、ぼくは田尻たちから彼の実力を聞かされていたが、顔を合わせる機会はなかった。一度は生でそのプレイを見たいと思っていても、交友範囲が微妙にずれているのか、なかなか会うことは叶わなかったのだ。

セガ製のアーケード用『テトリス』が大流行していたときだから、あれは一九八九年頃のことだ。ゲームが上手くないぼくでも、なぜか『テトリス』だけは肌に合って、プレイするうちにどんどん上達していった。

ある日、下北沢のゲームセンターへ行くと、『テトリス』の画面に表示されているハイスコアラーのネームが「ＯＨＯ」となっていた。それを見た瞬間にピンときた。「これは大堀くんだ！」と。

ぼくは必死でプレイし、数時間後にそのスコアを塗り替えることができた。あの頃のゲームでハイスコア達成時に入力できるネームはアルファベット3文字が一般的で、ぼくはいつも「ＡＴＧ」を使っていた。「ファミコン通信」でのペンネーム「トミサワ芸能」にちなんで「Ａ(アキヒト)・Ｔ(トミサワ)・Ｇ(ゲイノウ)」の意味もあったし、ＡＴＧ映画からの借用でもあった。

スーパープレイヤー「ＯＨＯ」の上に輝く「ＡＴＧ」。ぼくはとても満足して帰途についたが、翌日、例のゲームセンターに行って『テトリス』の画面を見ると、ぼくの「ＡＴＧ」は一段下がり、その上にはまた「ＯＨＯ」がいた。おそらく、あの後に大堀氏が来てハイスコアを塗り替えていったのだろう。

こうなるともう後には引けない。再びぼくはハイスコアを更新し、イニシャルを入れる。しばらくすると大堀氏がそれを塗り替える。それをまたぼくが更新し、大堀氏もまたそれを更新する。そんなことを繰り返すうちに、ぼくは『テトリス』の腕前が思いのほか上達し、最終的にはカンストするまでプレイできるようになっていた。

それからしばらくして、どこかのゲーム雑誌の編集部で大堀氏と顔を合わせることになる。そこであの『テトリス』の思い出話をすると、彼は「あれって、とみさわさんだったの！　おれのスコアをいちいち塗り替えてくる奴がいて、気持ち悪いなーと思ってたんですよ」と言って、二人で笑った。

現在の大堀氏は、株式会社マトリックスというソフトハウスを設立し、様々なヒットゲームの開発に携わる他、ゲーム文化保存研究所の所長としてゲームを未来へ伝える活動にも尽力するなど、ゲーム業界にとって重要な存在となっている。

二人目はアサロー。

彼と初めて会ったのは、ゲームフリークが『クインティ』をナムコに持ち込むより少し前だったので、おそらく一九八七年から一九八八年の間だろう。ゲームフリークのメンバーではないが、田尻からは古いゲーム仲間だと紹介された。

初めて会った彼の印象は、細長い逆三角顔にヒョロヒョロとまばらなあご髭を生やしており、朝鮮人参みたいな奴だなと思った。アサローはとても早口で、いろいろなことをペチャクチャ話す。変人だけど、地頭はとても良さそうに感じられた。ゲームフリークは笑いの絶えない集団だったが、そこに彼が加わると楽しさは倍加した。

本名は「朝郎（ともお）」だが、ゲームフリークの仲間は「アサロー」と呼んでおり、その軽やかな語感が彼のキャラクターとも合っていて、ぼくも遠慮なくそう呼ばせてもらった。

彼の振る舞いで衝撃的だったのは、パスポートを財布がわりにしていたことだ。小銭はジーンズの前ポケットへ。紙幣はパスポートに挟んで尻ポケットに入れている。定食屋などで会計をするとき、おもむろに尻ポケットからパスポートを取り出すから、店員さんは怪訝な顔をする。アナタどこの国から来たのですかと。

いつも尻ポケットに入れていれば、当然のことながら表紙には皺がよってしまう。パスポートという大切なものをそのように粗末に扱う人間は初めて見た。どこまでも規格外な奴だなあと、ぼくは半ば呆れつつも、常識にとらわれない彼の生き方に惹かれもした。

一度、田尻たちとアサローとでコミケに出店したことがある。事の経緯はこうだ。

ゲームフリークは、ゲーム攻略同人誌サークルとして長く活動してきた。ぼくが参加した時点で会誌「ゲームフリーク」は22号まで発行されている。だが、『クインティ』の開発を始めてからは、資金稼ぎのために田尻がライター仕事を増やし、同人誌の制作や通販業務をする余裕はなくなっていた。そのためバックナンバーの売れ残りが下北沢の事務所や田尻の実家にたくさん眠っていた。ゲームフリークは「ゼビ本」の頃にもコミケには出ていたが、ここ数年はご無沙汰している。久しぶりに参加して、これらの在庫をコミケで売ったらいいのではないかと、思いついたわけだ。

田尻は人前に出ることも多い人間だったが、それ以外のゲームフリークの仲間は、ぼくも含めてあまり社交的な性格ではなかった。だから、コミケで売り子のようなことをするのはちょっと気後れする。だが、今回はアサローがいてくれる。彼が持ち前の口八丁、手八丁でセールストークをすれば、けっこう売れてしまうんじゃないの？　そうなることを期待して、ぼくらは段ボール箱に詰めたバックナンバーをコミケの会場に運び込んだ。

結果、目論見は大成功だった。大量のバックナンバーは、たったの一日で完売してしまった。すげえやアサロー。早々に撤収したぼくらは、かなりの現金を手にしていた。

コミケで得たお金は、毎日のようにみんなで居酒屋へ繰り出し、使い切ってしまった。

……と今日までぼくは思っていたのだが、冷静に考えるとそんなはずはない。お金の管理には厳しい田尻のことだから、ある程度は『クインティ』の開発費に投入したと思われる。

この後、ゲームフリークは総力を挙げて『クインティ』の仕上げに邁進し、ナムコへ持ち込んで正式な商品にするべく奮闘するのだが、その話は次章に譲る。

ともかく、底抜けに無茶苦茶で、底抜けに楽しいアサローとの日々だったが、そんな彼がドット絵師として実は超絶技巧の持ち主であることを知ったのは、ずいぶん後になってのことだ。

そう、アサローこと山根朝郎氏（現在は山根ともお名義）は、当時、日本ファルコムに所属していたグラフィックデザイナーで、『ザナドゥ』や『イース』というパソコンゲームの歴史に残る名作でメインのビジュアル（ドット絵）をクリエイトしていた。そう、ぼくがプレイして途中で挫折した『ザナドゥ』の、あの美麗なドット絵は、アサローの仕事だったのだ。


最後に紹介するのは渡辺浩弐氏だ。

現在は小説家としても売れっ子になっている彼なので、ゲームに詳しくない方でも名前は知っているだろう。ぼくが知り合ったときは、高橋名人が16連射でスイカを割る映画を企画したり、カレーを食べながらゲームをプレイする謎のゲーマー「インドマン」をプロデュースしたり、怪しげな匂いをプンプンさせている人物だった。

　渡辺氏自身も、新作ファミコンソフトを紹介するテレビ番組に出演し、また、ゲームを紹介するビデオマガジン「GTV（ゲーム・テック・ビデオ）」を制作するなど、ゲーム分野を中心に精力的な活動をしていた。どういう経緯で彼と仲良くなったかは覚えていないが、当時のゲーム業界ではサブカル志向のある人間は稀で、ぼくは彼にも田尻と似たものを感じて接近したような気がする。

　親しくなってからは一緒に仕事をする機会も増え、「GTV」ではちょっとしたコーナーの台本を書かせ

■ GTV
ゲーム情報ビデオマガジンとしてCBSソニーから創刊され、15号まで発行された。その後、アスキーから「GAME TV」とタイトルを変えて継続したが、2号で終了。さらにタカラへ移って「GTVプロフェッショナル」のタイトルで数本ビデオを出している。

てもらったり、小道具の制作を手伝ったりした。『ドラクエ』のプログラム担当で知られるチュンソフトの中村光一社長をキャバ嬢が接待するという、変なコーナーの撮影に立ち会ったことをよく覚えている。

ゲーム雑誌の仕事でも渡辺氏とは何度か顔を合わせているが、とくに思い出深いのは双葉社の「Gアクション」だ。この雑誌の創刊を画策したのは『クレヨンしんちゃん』（臼井儀人）や『かってにシロクマ』（相原コージ）といった大ヒット作を担当した島野浩二氏で、現在は双葉社取締役編集局長を務めている。

双葉社初のゲーム雑誌となるこの本を制作するにあたって、実際の編集作業に取り組んでいたのは編集プロダクション株式会社スタジオハード（現スタジオ・ハードデラックス）の高橋信之氏と、株式会社GTVの渡辺浩弐氏だった。ぼくはフリーの編集者兼ライターとして参加している。

「Gアクション」はとにかく型破

■ Gアクション

非常におもしろく読み応えのある雑誌になったと思うが、残念ながら売れ行きは芳しくなく、定期刊行物とはならなかった。インドマンが被った鉄男風の造形物は、いまどこにあるのだろう

りな雑誌だった。ゲーム雑誌として必要最小限の新作情報は押さえつつ、それ以外は高橋氏や渡辺氏をはじめとする編集チームがそれぞれの趣味を全開に打ち出していた。表紙でゲーム基板と融合する人物に扮しているのはインドマン（小我恋次郎）で、その造形は映画『鉄男』で世間をアッと言わせた塚本晋也が手がけている。中身の記事も、「ギョーカイ裏事情マニュアル」「ファミコン情報誌を斬る！」「史上最強のゲーム・ナンパ術」など、ちょっと他のゲーム雑誌では許されないようなものばかりだった。

編集者として関わるぼくは、『ドラクエ』特集の中で「ドラクエ現象の大衆心理を解く」というコラムを企画し、精神科医の香山リカさんに執筆を依頼した。上がってきた原稿は、ゲームで描かれる物語がなぜ我々の心をとらえるのか、そのメカニズムを見事に言語化した素晴らしいものだった。

このコラムにはどんな挿絵を添えたらいいか、しばらく考えた後に『ドラクエ3』に登場するモンスター「あやしいかげ」をデカルコマニー（いわゆるロールシャッハテスト風）の技法でイラスト化しようと思いついた。その程度の絵心はあるので、自分で描いたものをそのまま掲載した。

ライターの立場では、「ファミコンの自由化でハルマゲドンを生きのびろ!!」と題する記事を執筆した。この記事が生まれた発端はこうである。

ある日、企画会議をしていると渡辺氏がおかしなことを言い始めた。

「あのね、とみさわさん。高田馬場に藤屋っていう手芸店があるんですよ。ところが、その店のショーウインドーには『将棋』とか『源平碁（オセロ）』といった、ファミコンソフトも陳列されているんです」

「『源平碁』なんてソフト、ファミコンで出てたっけ？」

「ないです。そこに並んでる『将棋』も『源平碁』も、藤屋の息子が自主制作したやつなんですよ」

「それって……インディーズのファミコン？　マジか！」

　藤屋さんの息子である前田隆司氏は、通称ドクター前田と呼ばれる医療用レーザーの天才技師だった。仕事でコンピュータを扱うかたわら、趣味でファミコンの解析も行い、勢い余って自分でファミコン用のゲームソフトを作ってしまった。そして、せっかく作ったのだからと、それを実家の手芸店で（こっそり）販売していたのだ。

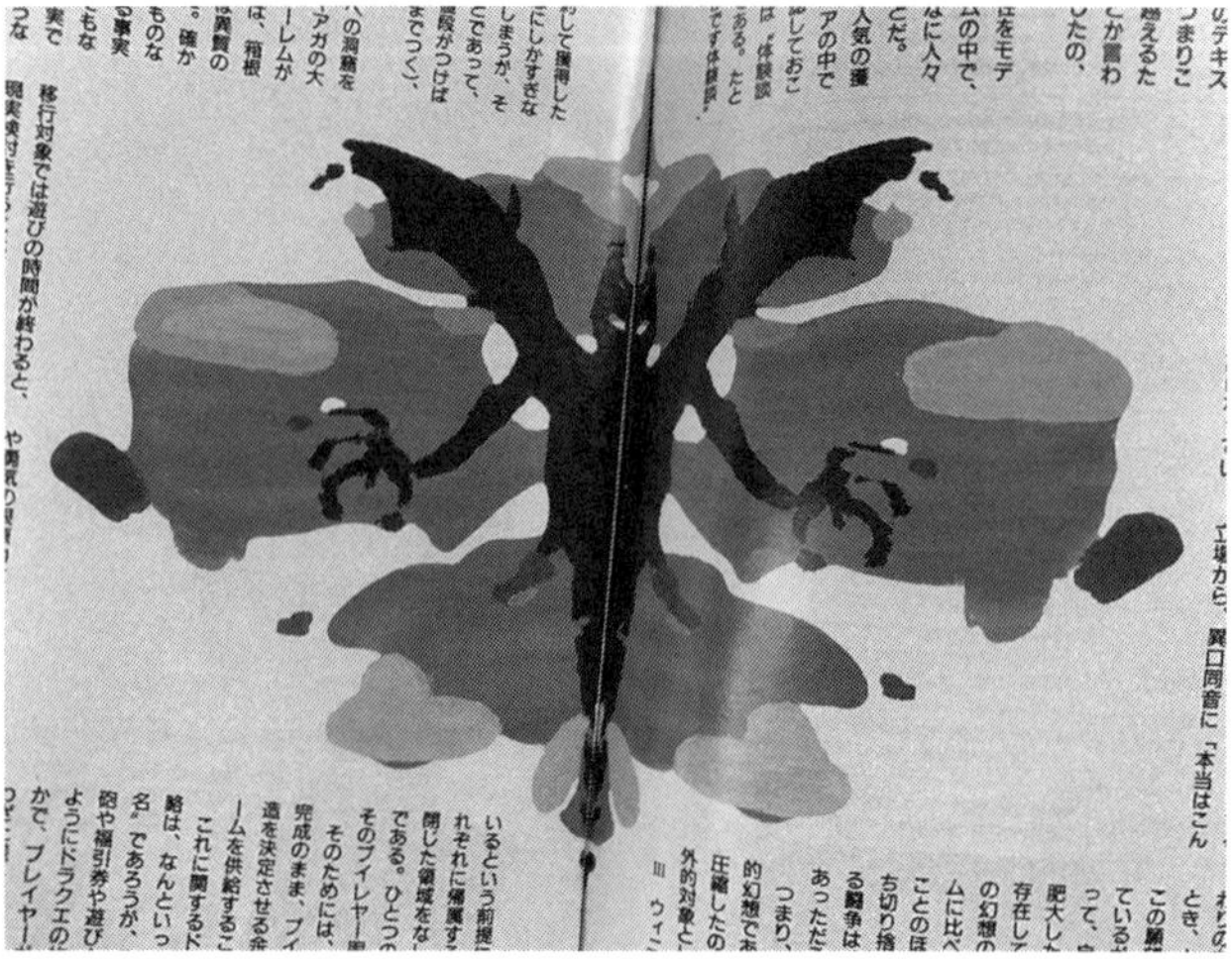

■ あやしいかげのロールシャハ
ロールシャッハテスト風のイラストを雑誌の見開きのセンターに配置するというのは、我ながら見事なアイデアだったと今でも思う。

こんないいネタを見逃す「Gアクション」チームではない。早速、我々は都内某所にあるドクターの診療所を訪ね、取材を敢行した。そこで、なぜドクターがファミコンソフトを自主制作するに至ったのか、その理由を聞いて仰天した。

ドクター曰く、ノストラダムスの大予言によると西暦1999年の7の月に空から恐怖の大魔王、すなわち核ミサイルが降ってくる。これは聖書にも似たような記述があって、「扉を固く閉めよ」というのは核シェルターのことを暗示している。そこからいろいろ計算した結果、今後は次のようなことが起こり始めるはずだ。

一、まず大恐慌が起こる。
二、その2~3年後に独裁者が出現する。
三、すると3年半後に第三次世界大戦が勃発する。
四、それから3年後には人類は滅亡しているだろう……。

さあ、これは大変だ。我々はどうしたらいいのか。

ドクターは「純金を買え」と言う。大恐慌が起こっても金の価値は変わらないので、それによって得たお金で地下シェルターを掘ればいいのだ。だから、みんなもファミコンソフトを（勝手に）作って資金を貯め、純金を買い集め、来たるべき日のためにシェルターを建設せよ——。

ファミコンの話を聞きに行ったはずなのに、大変な結論が導き出されてしまった。なんなんだ、この人は。というか、ファミコン雑誌を作っているところに、こんな最高のネタをブッ込んでくる渡辺浩弐って、なんなのか……。

渡辺氏だけじゃない。大堀氏も、アサローも、そしてゲームフリークの面々も、これほどまでに魅力的な人たちがウロウロしているゲーム業界に、ぼくは魅了されていた。

そして、ぼくがどんどんゲームに傾倒し、下北沢にいる比重が高まっていたタイミングで、スタジオパレットは解散することになった。

設立時のメンバーである加藤秀樹、高倉文紀、とみさわ昭仁の三人が、それぞれ順調に仕事を増やしていき、一人でも十分に仕事場を維持していけるようになってきたからだ。スタジオパレットを解散すると、ぼくは下北沢にアパートを借りた。ゲームフリークのある下北沢へ。

4-02

さらばファミコン通信

ここでまた少し「ファミコン通信」の話をしよう。

二〇一九年のことだ。「週刊ファミ通」(「ファミコン通信」は週刊化に伴い誌名を変更した) 誌上で、ゲームフリークの特集が組まれた。『ポケットモンスター』の特集ではない。それを作った株式会社ゲームフリークという集団の特集を組んだのだ。

その記事を読んで、ぼくはとても感慨深い気持ちに包まれた。なぜなら、それより30年以上前にゲームフリーク(当時はまだ会社組織ではない)はファミ通編集部と袂を分かち、関係が途切れているはずだったからだ。

第3章でも書いたことだが、当時のアスキーは、とにかく編集者やライターに変なペンネームを付けてキャラクター化させることを慣例としていた。ぼくはわりと長いものには巻かれる主義なので、すぐにそれを受け入れ「トミサワ芸能」というペンネームを名乗った。だが、本音を言えばそんな名前で文章を書くのは避けたかった。そして田尻もまた、ぼくと同じ考えの持ち主だった。

彼は「ログイン」や「ファミコン通信」の誌上では「タジリプロ」を名乗っていた。安易に「フリッキー田尻」とか「トーロイド田尻」にしないところは、いかにも彼らしい。自分はゲームのプロフェッショナルなのだという、彼なりのギリギリの抵抗がそこには込められている。

そして、当時のファミ通編集部に対して感じていた反発心は、名前のことだけにとどまらなかった。

当時、田尻は「ファミコン通信」誌上で「指・鍛錬道場」というコラムを連載していた。簡単に言えばゲームの裏技紹介コーナーなのだが、そこは田尻のやることだからひと味違う。まず、タジリプロを師範として、道場スタイルで技の解説をする。だが、ゲームの内容を説明する文章の中に唐突に変態ミニコミ「突然変異」の名前を出したりして、青山正明のことなど知るよしもないファミ通読者をケムに巻いていた。

「指・鍛錬道場」には裏技のアドバイザー役がいて、その名を澁澤龍彦という。……といっても、もちろんフランス文学者のシブタツ先生であるはずがない。その正体はゲームフリークの仲間だった川野忠仁くんだ(現在は株式会社ツェナワークス代表)。澁澤龍彦の名をパロディにするでもなく、そのまんま名乗る乱雑さがいっそ清々しい。ここにも、彼らの「おちゃらけたペンネームを付けさせられることへの反発」が感じられる。

コラムの挿絵を担当していたのは、ゲームフリークメンバーの丸山傑規くん。彼の描く絵は『ガロ』系作家の影響を強く受けたもので、そのときの挿絵も丸尾末広っぽさが強く滲み出たものだった。もちろん田尻も丸尾末広が大好きだったので、その挿絵を大歓迎していた。

担当編集者は、「ファミコン通信」の中でそこだけ強烈な違和感を放つ「指・鍛錬道場」に苦々しい思いを抱いていたようだが、ぼくなんかは子供向けと思われがちなゲーム雑誌(少なくとも当時はそうだった)という場に、青山正明や丸尾末広的な〝毒〟を投入することには大いなる意義があると感じていたので、「どんどんやれー!」という気分だった。

とはいえ、やはり担当編集者にとってその暴走は見過ごし難かったようで、あるとき丸山くんのイラストを没にしてしまった。そのときの編集者の判断は、雑誌の性格を考えればある意味で正しかったのだろう。「お前らやりすぎだ」と。「読者が置いていてけぼりじゃないか」と。

けれど、あの頃の田尻は若かったし、ぼくも若かった。自分たちが間違っているとは微塵も思えなかった。その結果、

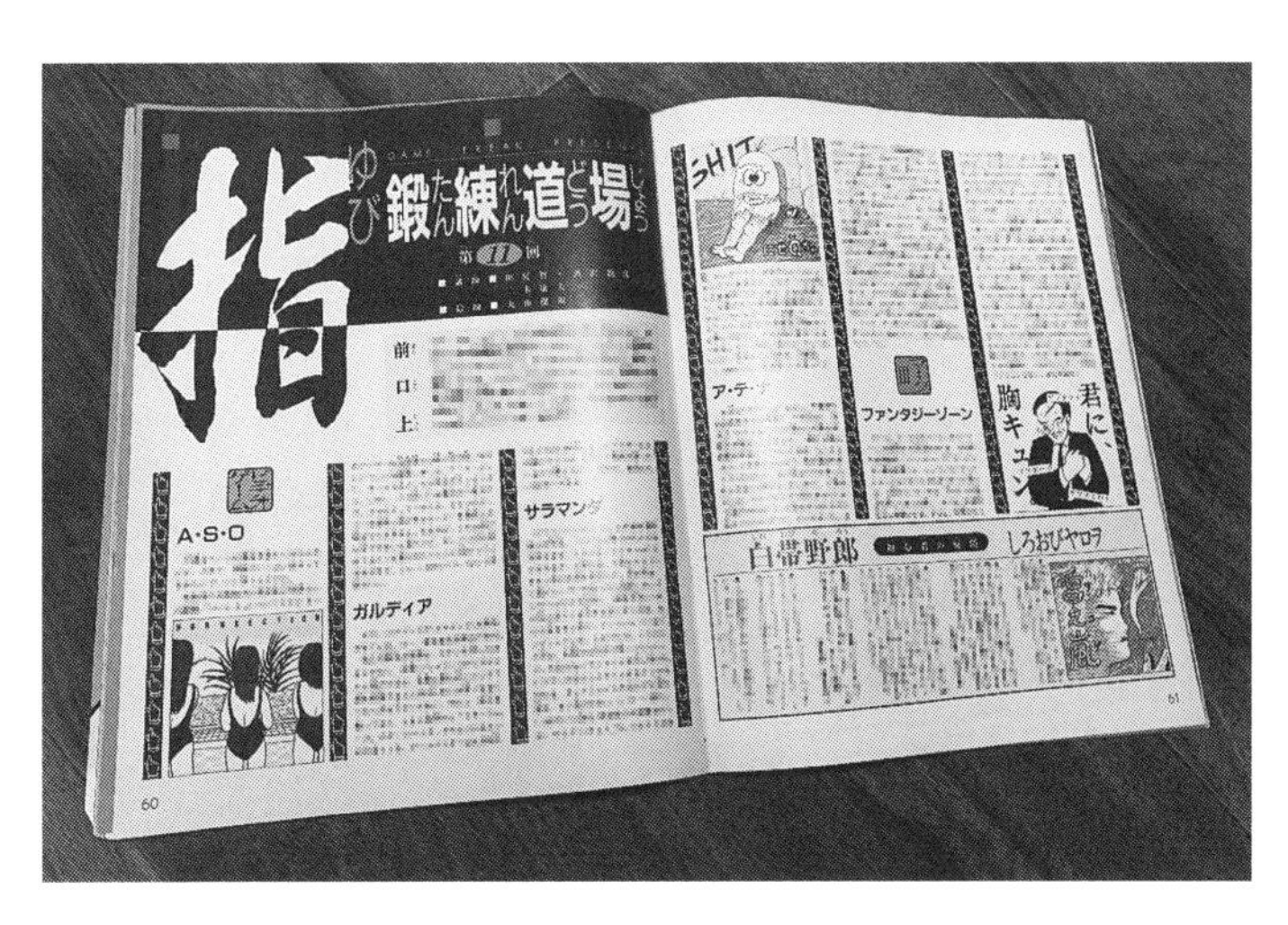

■ **指鍛錬道場の記事**

記事のクレジットには「講師:田尻智・澁澤龍彦・二木康夫、絵師:丸山傑規」とある。二木康夫というのはTACO X氏のことで、彼もアマチュア時代のゲームフリークのメンバーだった。

彼はゲームフリークの仲間を連れて「ファミコン通信」を去った。そうして、次なる執筆の場をJＩＣＣ出版局（現・宝島社）が発行する「ファミコン必勝本」に移したのだ。

そのとき、ぼくはどうしたか。

すでに自分もゲームフリークの一員であるという自覚があったので、田尻たちが出て行くならおれも一緒に出て行くぜ？　そう告げた。

だが、田尻はそれを良しとしなかった。

「これはあくまでも丸さんのイラストに対する問題だから、とみさわさんまで辞めることはないですよ。ぼくらに遠慮しないで、連載を続けてください」

そう言ってくれたのだ。

かっこつけて「おれも出ていくぜ」なんて言いながら、内心では（ファミ通の仕事だけで月に20万円は稼いでるから、それがなくなるのは正直言って痛いな……）と思っていただけに、彼がかけてくれた言葉は本当に嬉しく、ありがたいものだった。

結局、ぼくは一九八七年の十一月までファミコン通信の仕事を続けた。そして、その翌年。とても意外な媒体からぼくの元へ原稿依頼が来るのだった。

4-03

あたたた!! ファミコン神拳

一九八六年の十月から一九八七年の十一月にかけて約1年、ぼくは「ファミコン通信」で仕事をした。新作ソフトのレビューを書くこともあったが、主な仕事はファミコンをしながらアイドルにインタビューする「ファミコン出前一丁 みそ味」だ。これを23回まで続けたところでマンネリ化しているのを感じ、連載を終えさせてもらった。

さて、このあとはどうしよう。新作ソフトのレビューは、適当なものを選んでこちらからアピールすれば書かせてもらえる。新たな企画を提案して新連載をスタートさせてみるのもいい。あるいは、自分もここらで「ファミコン通信」を離れ、田尻たちが執筆している「ファミコン必勝本」に軸足を移すか……。

そんなふうに身の振り方を考えていたとき、ある人物から驚きのオファーが来た。

相手は「週刊少年ジャンプ」編集部の長谷川浩さんだった。彼とはエンドウユイチさんの紹介で知り合っていたが、一緒に仕事をしたことはない。それはそうだろう、マンガ家になる夢を挫折したぼくに「少年ジャンプ」が用件のあろうはずもない。だが、長谷川さんが持ちかけてきたのは、まさしく「少年ジャンプ」での仕事だった。

電話口で、長谷川さんは言った。

「とみさわさん、ファミコン神拳やってみませんか？」

この「ファミコン神拳」というのは、「少年ジャンプ」の巻頭に不定期（1ヶ月から3ヶ月間隔）で掲載されている袋とじページ（正式名は「ファミコン神拳奥義」）のことで、話題のファミコンソフトの情報を掲載する人気企画である。

執筆メンバーはゆう帝、ミヤ王、キム皇と、途中から新メンバーとして加入したてつ磨の4人。いちおう誌面上では素性を明らかにしていなかったが、ゆう帝とミヤ王が『ドラクエ』を作った堀井雄二さんと宮岡寛さん。キム皇はフリーライターの木村初(はじめ)さんで、てつ磨は漫画原作者の黒沢哲哉さんだった。

時期的には、ちょうど『ドラゴンクエストIII そして伝説へ…』の制作が発表された直後だ。つまり、ゆう帝とミヤ王はすでにその制作準備に入っていて、「ファミコン神拳」どころではなくなっていたのだ。

かといって、ご存知のように「少年ジャンプ」および「ファミコン神拳」は、『ドラクエ』シリーズの宣伝の場としても重要な位置を占めている。ゆう帝らがゲームの開発業務を優先させるのは当然としても、ジャンプの連載だって休ませるわけにはいかない。

そこで、ゆう帝とミヤ王の名前は残しつつも、連載を続けるためにもう一人メンバーを補充しようということになった。長谷川さん、誰かいい人いない？　そういえば最近ゲームに詳しいライターと知り合いましたよ……というような会話がなされて、ぼくに白羽の矢が立ったというわけだ。

あの当時、ゲーム業界で仕事をしていて「ファミコン神拳」の動向を注目していなかった人間などいない。なにしろ業界最大の話題作である『ドラクエ』シリーズの情報を、どんなゲーム専門誌にも先駆けてスクープしているのだ。ぼく自身も「少年ジャンプ」に「ファミコン神拳」が掲載される号だけは欠かさず購読していたほどだ。

その「ファミコン神拳」に誘われた！

原宿を歩いていたらジャニーさんに「YOU、事務所に遊びに来ちゃいなよ」と言われたような気分である。さすがにそのたとえは古いか。まあ、そんなことはどうでもいい。とにかく、当時のぼくがその誘いを断る理由なんてなかった。


「ファミコン神拳」の定例会議は、月に一度か二度、集英社の地下会議室で行われていた。執筆者は全員フリーランスなので、夕方くらいにポッポッと集まってくる。他の部屋では、読者ページの「ジャンプ放送局」が定例会議をやっており、そちらには主筆のさくまあきらさんを始め、イラストの土居孝幸（どいん）さん、アシスタントの横山智佐（ちさタロー）さん、デザイナーの榎本一夫（えのん）さん、お手伝いの井沢寛（どんすけ）さんらが詰めている。

土居さんは「ファミコン神拳」のイラストも兼任していたので、あっちに行ったりこっちに来たり、忙しそうに会議室を往復していた。

ぼくが「ファミコン神拳」に加入して、最初にすべきことはペンネームの考案だった。これに関してはこちらに拒否権などない。郷に入っては郷に従え。長いものには素直に巻かれましょうぞ。「ファミコン神拳」はその企画名が示す通り、ジャンプの歴史に名を刻む名作『北斗の拳』のパロディでもある。手強いファミコンソフトを、北斗神拳にも匹敵するゲーム攻略奥義の「ファミコン神拳」で撃破する。ソフトのおもしろさの度合いは「あたたた!!」の数で指し示す。そんな奥義伝承者たちの名前に「帝」「王」「皇」が付くのは当然のこと。とみさわ昭仁、なんて名前で執筆することは許されないのだ。

黒沢さんが加入した時点で、すでに『北斗の拳』的な言葉はネタ切れになっていた。そこで「次は王朝貴族にしよう」との鶴（堀井さん）のひと声で、哲哉の「てつ」に「麿（まろ）」で「てつ麿」となった。そこに今度はぼくが入ってきた。てつ麿の例に倣うなら王朝貴族ネタを継承するところだが、ぼくの場合には別の事情があった。奥義伝承者となって最初の仕事が、ジャンプ本誌の「ファミコン神拳」ではなく、ファミコンソフト『キャプテン翼』の攻略本を作ることだったからだ。

キム皇が言った。

「キャプ翼だからさ、ブラジルから留学してきた日系人にしようや。ブラジル系に多い名前っていうたら……カルロスやね。カルロスとみさわで決まり！」

その日から、ぼくはファミコン神拳の奥義伝承者カルロスになった。以後、編集部内はもちろん、それ以外の場所でもその名前で呼ばれることになる。入稿が終わればキム皇のお供で六本木のクラブへ飲みに行く。そこでホステスさんに紹介されるときも、「こいつ新人のカルロス。こう見えて日系ブラジル人なんやで」と言われる始末だ。

「ハーイ！　ワタシ、カルロスデース！　日本ノコト、マダ、ヨクワカリマセーン」

先輩の奢りで飲みに来てんだから、そう言うしかないよね。

「ファミコン神拳」時代について、もう少し詳しく話そう。

仕事のメインとなるのは、本誌での「ファミコン神拳」の連載だ。ゆう帝たちが中心となって執筆していた「ファミコン神拳奥義」は一九八八年五月二日号掲載の分で一旦終了し、カルロスの加入を機にリニューアルした「月刊ファミコン神拳」をスタートさせることになった。いちおう、ゆう帝とミヤ王の名前は残し、打ち合わせにも参加してくれていたが、実作業のほとんどはキム皇、てつ麿、カルロスの他にアシスタント的なメンバーが手分けして編集・執筆した。

月に一度、集英社に集まってするのは、まず次号の内容を決めること。限られたページ数の中で、どのゲームを取り上げ、それぞれにどれだけのスペースを割くかは重要なことだ。

「少年ジャンプ」という媒体の性質上、ジャンプの連載作品をゲーム化したものがあるときは、それらを優先的に紹介せざるを得ない。読者からは「ジャンプゲームには評価が甘い」などと批判されることも多かったが、それは仕方のないことだ。

それでも、あまりに出来の悪いゲームのときは、「原作の雰囲気はよく出てるぜー！」などと曖昧な表現でお茶を濁したり、ときには掲載そのものを見送ることもあった。

定例会議でゆう帝と同席した回数はそう多くはないが、それでも交わした会話のいくつかは、ぼくが物作りをする際の指針となっている。なかでも忘れ難いのは、『ドラクエ』のカラーパレットのことだ。

当時のファミコンのグラフィックというのは、キャラクターを動かすための「スプライト」と、背景として表示するための「ＢＧ」の二種類があった。そのスプライトも色数が極端に少なく、３色＋透明の４色パレットに限定されていた。

『ドラクエ』で主人公たちのステータスを表示するウインドウの文字は、限りあるスプライトの中から白いカラーが当てられている。黒い背景に対して白がもっとも視認性が高いためだが、敵からの攻撃を受け、体力の残りが少なくなってくると、この白を含むカラーパレットは別の（白の箇所を赤に指定した）パレットにチェンジされ、白い文字だったものが赤に変化する。そうすることで戦闘の緊迫感を演出しているわけだ。

正確な数字は忘れてしまったが、たしか『ドラクエ』の一作目では主人公の体力が残り25パーセントを切ると、白から赤に変わっていたはずだ。この演出はすごく効果的だった。

大の『ドラクエ』ファンだったぼくは、運よく仕事で同じ場に居合わせることになったゆう帝……いや、堀井雄二大先生に、その演出がどれほど素晴らしいことかを熱弁した。そのうえで、調子に乗ったぼくは素朴な疑問をぶつけてしまう。

「文字が赤くなるのはいいんですけど、ウインドウの枠まで赤くしちゃうのは、ちょっとやりすぎじゃありませんか？」

穴があったら入りたい。ＲＰＧの神様に向かって何を言うのか。若いって怖いな。

当時のぼくは知らなかったのだ。パレットはキャラクター単位で自由に変更できるわけではなく、カラーチェンジしたら画面内で同じ色を使っているスプライトはすべてが同じく変わってしまうということを。体力表示の白い文字をパレットチェンジで赤くしたなら、その他の白い部分――ウインドウの枠線も、海の波しぶきも、モンスターの白目も、みんな赤くなる。それがファミコンというものなのだ。

そんな無知な若者の言葉に、堀井さんは静かにこう答えた。

「とみさわくん、あれはね、勇者の〝目に血が入った〟んだよ……」

ああ……。その言葉を聞いた瞬間、集英社の地下会議室がアレフガルドになった。

１本の剣を手に荒野を冒険する勇者。

ふいに草むらから魔物が出現し、襲いかかってくる。

一撃、二撃、敵の牙と剣先が火花を散らす。

勝負は互角で、こちらもかなりの深手を負った。

ぱっくり開いた額の傷口からは、真っ赤な鮮血がしたたり落ちる。

その血が目に入ると、視界は真っ赤に染まった――。

パレットチェンジをしたら、白い部分はすべて赤に変わってしまう。それはファミコンの仕様上、避けようのない現象だ。けれど、それを「仕方ない」で済ますのではなく、「目に血が入った」という冒険者のリアルに置き換えてみせる。

この説得力！

そんな堀井雄二の〝イリュージョン〟に、ぼくはすっかり魅せられてしまった。

■ ファミコン神拳の本

2016年、「ファミ熱!!プロジェクト」というチームが結成され、あのファミコンが熱かった時代の思い出を再生するコンテンツがいくつか作られた。そのひとつが、ファミコン神拳の全記事の再録と関係者インタビューをまとめたこの本だ。ぼくもインタビューを受けたが、この本自体の編集にも関わっている（集英社刊）。

4-04

キム皇とマシリト

ゆう帝とミヤ王が「ファミコン神拳」から緩やかに離れていくにつれ、ぼくはキム皇と行動を共にする機会が増えていく。

そもそもが、カルロス最初の仕事であるゲーム攻略本『キャプテン翼 栄光へのスーパーシュート』は、キム皇、てつ麿、カルロスの三人で執筆したものだ。これが発売後すぐに重版がかかり、刊行の数ヶ月後には何もしていないのにウン十万円の重版印税が振り込まれた。こんなうまい話があるのかと、以降もキム皇に促されるままファミコン神拳――つまり「少年ジャンプ」公式のゲーム攻略本を制作していくことになる。

『聖闘士星矢 黄金伝説・完結編』『ドラゴンボール 大魔王復活 必勝!! 奥義の書!!』『桃太郎電鉄 日本一周すちゃらかトレイン 大出世!! 虎の巻』『魁!! 男塾 疾風一号生 光芒一閃!! 奥義の書』『ファミコンジャンプ 英雄列伝 夢の大決戦』と、立て続けに執筆した。

しかし、最初の『キャプテン翼 栄光へのスーパーシュート』こそ重版がかかったが、ゲームソフトの出来が悪ければ攻略本だって売れない。ジャンプ作品のゲーム化で、初版もそこそこの部数を刷ってもらえるから、金銭的に報われないということはなかったが、あぶく銭というほど儲かったわけでもない。
「ファミコン神拳」の連載は一九八九年の新年1・2合併号で最終回を迎えるが、それより少し前、一九八八年の十月からキム皇をメインにした「週刊ファミコン神拳エキスプレス」という連載がスタートする。こちらはモノクロページで、「ファミコン神拳」よりもライトなゲーム情報ページである。ぼくカルロスも、そのブレーン兼ライターとしてお手伝いすることになる。

ここまでの記述からもわかるように、当時のぼくは、かなりキム皇に依存して生きていた。これま

■ ジャンプゲームの攻略本
ぼくがファミコン神拳に加入する直前、ミヤ王とキム皇と土居さんが作った『ドラゴンクエストIII』の攻略本は100万部以上も売れ、三人はけっこうな額の印税を受け取った。それを聞かされ「よ～しオレにもついに春が来るのか！」と色めき立ったのだが、ぼくが手がけた攻略本は思ったほど売れなかったのだった。

でに比べて原稿料は高くなったのだから生活だって向上しそうなものだが、そのぶん無駄遣いも多くなり、いつも金欠状態だった。お金がなくなると、キム皇に泣きついて貸してもらった。１万円、２万円と小さな借金が積み重なり、気がつけば総額は20万円になっていた。

結局、この借金を返済できないうちに「少年ジャンプ」の連載は終了し、キム皇とも会う機会がなくなってしまう。それから数年後、ぼくは別の仕事で経済事情を立て直せるようになり、ようやく返済の目処が立つ。

あれは一九九七年の夏だった。

詳しくは後述するが、ぼくは大きな仕事を手に入れて、年収が一気に跳ね上がった。そして、友人の紹介で知り合った女性と交際し、結婚することになる。当然、結婚パーティーには恩人であるキム皇にも出席してほしい。だけど、ぼくは借りたお金をまだ返していなかった。キム皇からすれば、借金も返してないのに結婚式なんか挙げてんじゃねえよ、って話である。

ぼくはキム皇へ電話をかけて事の成り行きを説明すると、六本木で会う約束をした。六本木はキム皇の愛した街だ。待ち合わせのアマンドで久しぶりに会ったキム皇は、以前と変わらない笑顔でぼくの結婚を祝福してくれた。

その頃、キム皇は自分の会社を維持するために、かなり多額の借金を背負っていたから、少しでもお金を必要としていたはずだ。それなのに、一度だって「金を返してくれ」と言ってこなかった。ぼくもキム皇のその優しさに甘えていた。

ぼくは長年の不義理を詫びながら、20万円の入った封筒を差し出した。キム皇は「これっぽっち返してもらったところで、おれの借金には焼け石に水やで！」と、苦笑いしながら受け取ってくれた。

「少年ジャンプ」では、もう一人忘れてはならない人と出会っている。「ファミコン神拳」の連載を立ち上げた張本人であり、ジャンプ愛読者には『Dr.スランプ』に登場する悪の科学者Dr.マシリトのモデルとして知られる鳥嶋和彦さんだ。

ぼくが参加したときにはすでに「ファミコン神拳」の担当からは離れていたが、ことあるごとに会議室を覗きに来ては、ぼくらに喝を入れていた。

そんな鳥嶋さんに、一度こっぴどく叱られたことがある。PCエンジン CD-ROM2（ロムロム）」が発売されたときのことだ。

「CD-ROM2」というのは、家庭用ゲーム機としては世界初のCD-ROMをゲーム供給メディアに採用した周辺機器である。かなり業界でも注目を浴びたのだが、同時に発売されるゲームソフトがいまいち魅力に乏しく感じられ、キム皇とぼくは静観することにした。

そんなとき、ぼくらは鳥嶋さんから呼び出しを食らった。

デスクまですっ飛んで行ったぼくらを前に、鳥嶋さんは「CD-ROM2は買ったのか?」と問いかける。正直に「買ってません」とぼくらが答えると、途端にカミナリが落ちた。

「馬鹿野郎！　なんのためお前らに高い原稿料を払ってると思ってんだ！」

鳥嶋さんが言いたのは、こういうことだ。

「少年ジャンプ」の原稿料は業界標準では高い部類である。それは、ただライターを甘やかしているわけではない。いい店に行ってうまいものを食え。いろんなところへ遊びに行け。たくさん本を買って読め。ヒット作は欠かさずチェックしろ。話題のゲームは見落とすな。読者を引きつける原稿を書くためには、とにかくインプットしろ。最新のホビーに飛びつかないような奴は「少年ジャンプ」で仕事をする資格がない。お前たちに渡している原稿料には、そういう意味があるのだと。

まったく反論できない。

ぼくらがその足で家電量販店に行き、CD-ROM2を買ってきたのは言うまでもない――。

ずいぶん長いこと取り組んでいたように思える「ファミコン神拳」の

■ ファミコン神拳エキスプレス

この連載はキム皇、カルロス、コマル大王の三人体制で制作。コマル大王というのは集英社所属カメラマンの小丸良人くんで、仕事熱心ないい奴だった。2021年の春頃にご家族から訃報を知らされた。

仕事も、日記で確認すると1年足らずしかやっておらず、記憶に反してずいぶん短いものだった。それでも、その1年はとても濃密な時間だった。なにしろ「少年ジャンプ」が毎号450万部も発行されていた時期である。原稿料が高いのはもちろん、必要経費もほぼ使い放題だった。タクシーチケットをもらって、集英社のある神保町から千葉県松戸市の自宅まで帰ったことも数知れず。自分のフリーライター人生の中で、もっとも金回りがよかった時期と言ってよいだろう。

そんな華やかな生活も、唐突に終わりがくる。「ファミコン神拳」の連載終了だ。

終了の理由としては、『ドラクエ』シリーズで堀井さんが本格的に忙しくなったこともあるし、ページがマンネリ化していたということもあるだろう。それはキム皇もぼくも自覚していた。編集部がそう決定したのなら、フリーライターは受け入れるしかない。

最後の日、キム皇とぼくは鳥嶋さんのところへ挨拶に行った。

「これまでお世話になりました。ジャンプで仕事ができたことを誇りに思います」

一言、二言の言葉を交わし、深々と頭を下げる。そんなぼくらに向けて、最後に鳥嶋さんはきつい言葉を放った。

「お前ら、これからどこで仕事をするにしても、半端な仕事をしてたら、ツブすかんな」

嘘じゃない。本当にこう言われたんだ。震え上がるよね。もちろん、それは脅しとかそういうことではなく、たとえ一時期でも面倒を見た若い連中の行く末が輝かしいものになるように、鳥嶋さんなりの言葉で投げかけたちょっと乱暴なエールなのだ。

それから7年後。

詳しくはこれも後述するが、ぼくは紆余曲折を経てゲームフリークに入社する。そこで6年ほどの時間をかけて『ポケットモンスター』を作った。

幕張だったか有明だったかは忘れたが、コンシューマゲームの展示会で『ポケモン』はお披露目され、その会場の通路でぼくは鳥嶋さんとばったり会ったのだ。

久しぶりの再会で鳥嶋さんはニコッと笑い、握手をしてくれた。何も言わなくとも、ぼくにはわかる。その目が「カルロス、やったじゃないか」と言っていることを。

4-05

超大陸パンジア

ぼくが「少年ジャンプ」で仕事をしている間、ひと足先に「ファミコン必勝本」へ活動の場を移していた田尻らゲームフリーク組は、着々と編集部内での地歩を固めていた。「宝島」などがそうであったように、「ファミコン必勝本」を発行しているＪＩＣＣ出版局は、外部のライターを積極的に起用する。言い換えれば、フリーランスの立場を尊重してくれる出版社だ、ということでもある。「ファミコン必勝本」で原稿を書き始めた田尻は、以前よりも生き生きとしているように感じられた。絵を描くことが本業だったはずの杉森も、「ファミコン必勝本」ではライターとしてゲームレビューを書き始めていた。ペンネームは「ウサンクサー山田」。これは「おまえらどいつもこいつも胡散臭いんだよ」という、ゲーム雑誌界全般に蔓延する幼稚なペンネーム群への皮肉でもあった。けれど、当時の「ファミコン必勝本」には、そんな自分たちへ向けられた牙さえも許容する懐の深さがあった。

さて、「ファミコン神拳」は終わってしまった。となれば、次はぜひとも「ファミコン必勝本」で仕事をしたい。当時のＪＩＣＣ出版局は、まだサブカル雑誌だった頃の「宝島」の発行元である。かつて「よい子の歌謡曲」の先輩たちが「宝島」内に連載ページを持っており、ぼくはそれを羨望の眼差しで見ていたから、憧れの出版社だ。そんなぼくにも、ゲームを足掛かりにしてようやく仕事をするチャンスが巡ってきた。しかし、どうやってキッカケをつかもうか。

おそらく、田尻に「編集者を紹介してほしい」と言えば、苦もなく編集部には入り込めただろう。ただ、できるだけそれはしたくなかった。仮にもフリーライターとしてここまでメシを食ってきたのだ。自力で編集部に渡りをつけたいではないか。

そんなとき、ひとつのニュースが入ってきた。かねてよりゲーム好きで知られていたコピーライターの糸井重里氏が、任天堂と手を組んでファミコンソフトの制作に乗り出すというのだ。そう、それこそが『ＭＯＴＨＥＲ』である。

剣と魔法とドラゴンのファンタジー世界が主流だったＲＰＧに、アメリカを舞台にした現代劇で勝負をかけてきた『ＭＯＴＨＥＲ』は、糸井氏ならではの言語センスと泣けるシナリオ、南伸坊氏がデザインした味のあるキャラクター、鈴木慶一氏（ムーンライダーズ）による記憶に残るメロディーで、いまでも評価の高い名作だ。

ニュースで第一報を見たときから、ぼくは糸井さんが作るゲームならきっと傑作になるだろうと、根拠もなく確信した。そして、「ファミコン必勝本」誌上で『ＭＯＴＨＥＲ』を紹介するのは、自分こそが相応しいとも感じたのだ。

ここで、いまさら青春期のぼくが糸井重里の仕事から多大な影響を受けていたことを告白するのはとても気恥ずかしいものだが、事実だから否定はできない。

最初に彼の存在を知ったのは、何の仕事だっただろうか。

70年代後半から80年代の終わりにかけて、糸井氏はファッションブランド「J．PRESS」の広告コピーを手がけていた。アイビールックが好きだったぼくはこの広告シリーズが気に入って、当時、「POPEYE」の裏表紙に掲載されていた広告を、毎号切り取ってスクラップしていたほどだ。その後、「ビックリハウス」誌上で連載された「ヘンタイよいこ新聞」に笑い、「週刊文春」の「萬流コピー塾」に感銘を受けた。コピーライターになりたいわけではなかったが、こういう〝おもしろいことを考える人〟に憧れた。

そんな糸井さんがゲーム業界にやってくる！

「ファミコン必勝本」に出入りするライターの中で、ぼくほど彼の仕事に詳しい人間はいまい。糸井さんがゲームを舞台に何をしようとしているのか、それを正しく受け止められるのは、ぼくを於いて他にいないとすら思えた。

それから大急ぎで「糸井重里『MOTHER』インタビュー」の企画書を書き上げ、編集部に提出した。受け取ってくれたのは編集スタッフの中でもひときわサブカル色への理解があったヒラ坊こと、平林久和さんだった。企画はすぐに通り、糸井さんのアポイントも難なく取れた。

インタビューが行われたのは、当時、表参道にあった東京糸井重里事務所だ。我々が通された応接室には、ウディ・アレンの筆による「おいしい生活」の掛け軸があった。ぼくは（これがあの有名な……！）と感激したものだが、そんなことは表情には出さない。

インタビューは終始和やかなままに進行し、糸井さんも「ゲーム業界でここまで読み取ってくれるインタビューは珍しいよ、こういう話ができるのは嬉しいね」と上機嫌だった。

無事に取材も終わり、あとはこの場を辞去するだけだ。しかし、ぼくはここで懐から一通の書類を取り出した。この日のために、自分の考えたゲームの企画書を持参していたのだ。

その表紙には、『ゲーム企画　超大陸パンジア』と記してある。

この話は、いままで誰にも話したことはない。ゲームフリークに在籍しているときでさえ、田尻はもちろ

●INTERVIEW ファミコンRPG『MOTHER』の生みの親
糸井重里が語る
MOTHER
あの天才コピーライターがゲーム製作に乗り出したら、いったいどんなモノができあがるのか？——待つこと2年。糸井さんはボクたちの莫大な期待に、最良のカタチで応えてくれた。『MOTHER』という作品をもって。そこで今週は、作者である糸井さん本人にRPGのこと、『MOTHER』のこと、エイプのことなど誰もが知りたい秘密についてインタビューを試みた。糸井さんの頭の中には何があるのか!? お母さん教えて!!
●失われた物語性がゲームにはある!!●
——まず、今回糸井さんは初めてゲームを作りましたよね。それもファミコンの本家である任天堂で。それは「もしもゲームを作るならば任天堂で作ろう」と考えていた

■ 糸井氏取材記事
アイドルやマンガ家へのインタビューはたくさんやってきたが、いわゆる文化人への取材はこれが初めてだったのでとても緊張した。といっても、いざ話し始めてみればお互い大好きなゲームのことなので、最初の緊張はどこへやらで非常に楽しい時間を過ごせた。

ん他の誰にも話せなかった。それくらい小っ恥ずかしい、若気の至りだったからだ。
いまから30年以上も昔のことである。若き日に憧れて、尊敬して、いつか自分もそのようになりたいと思っていた人物と会うことができ、舞い上がって、企画書を書いて渡してしまう。いま思い出しても顔から火が出そうだ。

ファミコンソフト『ＭＯＴＨＥＲ』は、糸井さんが企画原案とシナリオを担当し、完成の暁には任天堂から発売されるとアナウンスされた。それに伴い、彼は自分がゲームを作るだけでなく、新たに株式会社ＡＰＥ（エイプ）という組織を立ち上げ、若手クリエイターの開発支援も行っていきたいと言った。具体的に何をどうするのかは語られなかったが、ぼくはそこに大きな夢を描いた。

かつて、『エアロビスタジオ』でゲームクリエイターとしてデビューはしていたが、所詮はノンクレジットの仕事であるし、仕様書の原型らしきものを書いただけなので、どうにも自分がゲームを作ったという実感は得られていない。できることなら、堀井雄二の『ドラゴンクエスト』や、さくまあきらの『桃太郎伝説』のように、自分の作品と言えるようなもので勝負をしたい。その夢を、糸井さんが立ち上げたＡＰＥにバックアップしてもらおうと考えたのだ。

結論を言えば、ぼくの企画した『超大陸パンジア』は世に出ていない。ゲームとして開発ラインに乗るどころか、それを検討するにも値しない思いつきのメモ程度でしかなかったからだ。

タイトルの「パンジア」とは、古代の超大陸「パンゲア」のことだ。ユーラシア、北アメリカ、南アメリカ、アフリカ、インド、オーストラリア、南極といった7つの大陸は、かつてひとつの超大陸として存在した。それが長い年月の間、プレートテクニクス理論によって地表を移動し、現在の状態に分割される。

この地球の長い長い歴史と、その間における生物の進化をゲームで表現しようというのが、ぼくの企画した『超大陸パンジア』だった。

まあ無謀だよね。

大陸移動説の入門書を二、三冊読んだ程度で、コンピュータ工学の基礎知識もなく、BASICも組めず、微分積分もわからないような人間に、何が表現できるのか。

それでも糸井さんは、ぼくのつたない企画書の隅々にまでに目を通し、丁寧に赤ペンで添削してくれた。

■ おいしい生活

本当なら真っ赤に添削された『超大陸パンジア』の企画書をお見せしたいところだが、すでに手元には残っていないので、インタビュー記事にチラリと写っているウディ・アレンの直筆による「おいしい生活」をどうぞ。

「イベントの進行に合わせて大陸が移動するのは、どのように管理しますか?」

「過去と現在を自由に行き来できるとして、現在のファミコンの仕様で可能でしょうか?」

「モンスターが時代に合わせて進化する、その仕組みを具体的に教えてください」

全部、いちいち、おっしゃる通りだ。

後日、真っ赤っかになって帰ってきた企画書を見て泣きそうになった若き日のぼくだけれど、それでもゲームを作るということに向けて、力ある先輩とやりとりすることができ、不思議な充足感はあった。

4-06

ヒッポンで残した爪痕

「ファミコン必勝本」は、その前身である「別冊宝島」シリーズの「ファミリーコンピュータ必勝本」から始まり、「ファミコン必勝本」を経て、「HiPPON SUPER!」「必本スーパー！」「64（ロクヨン）」「攻略の帝王」と何度となく誌名を変えている。ぼくは「ファミコン必勝本」時代から「必本スーパー！」まで仕事をしていたが、使い分けが面倒なのでここからは「ヒッポン」に統一する。実際、仕事をしていた仲間もみんなそう呼んでいた。

ぼくが最初に「ヒッポン」でやった仕事は、一九八九年五月二日号に掲載された『MOTHER』の1ページ紹介記事だった。糸井さんのインタビュー記事は、その翌号である五月十九日号に掲載された。その中で、彼は「5年先輩がいないこの業界を素敵だと思う」と発言している。

どういうことかというと、糸井さんが仕事をしてきた広告業界には大勢の先輩たちが築いてきた習わしがある。同じく出版の世界にも、先輩たちの積み上げてきた歴史がある。そこに若い才能が現れ、革新的なことを言ってもツブされてしまうことが多々あった。

ところが、ゲームの世界はまだ業界自体が若く、年寄りの意地悪な先輩がいない。新しい文化を現在進行形で作っているからこそ、誰に邪魔されることもなく自由にアイデアが出せ、モノ作りを進めることができる。広告業界ではすでにベテランとなっていた糸井さんにとって、そんな環境がとても新鮮に感じられたというのである。

そのことは自分も実感していた。ぼくは田尻に対して歳の差を感じたことがない。少なくとも、ゲームの話をしている限り、彼は同志だった。

そのことは「ヒッポン」の編集部からも感じ取れた。

石埜三千穂、手塚一郎、成澤大輔、野安ゆきお、ベニー松山、山下章といった、「ヒッポン」を主な執筆の場にしていたフリーライターの面々とも、すぐに意気投合した。当時は、あらたまって自分たちを〝仲間〟だなどと呼んだことはないが、いま振り返れば、ぼくらは間違いなくテレビゲームという新しい文化に魅了され、その価値を世の中に敷衍(ふえん)するため尽力する〝仲間〟だったのだ。

他のゲーム雑誌と比べて、「ヒッポン」はゲームというものに対して変化球的なアプローチを試みる記事が多かった。それはＪＩＣＣ出版局という会社の体質によるものかもしれないし、集まったライターたちの個性がそうさせたのかもしれない。

ベニー松山は、名作ＲＰＧ『ウィザードリィ』を題材とする冒険小説『隣り合わせの灰と青春』を連載して、大きな話題を呼んだ。

田尻智は、自身のゲーム体験をベースにした小説『パックランドでつかまえて』を連載して、やはり注目を集めた。

成澤大輔は、好きな競馬の知識を活かして競走馬育成シミュレーション『ダービースタリオン』の解説で人気を博し、ダビスタ伝道師の異名をもらった。当時の彼とぼくはライター仲間という関係以上のものではなかったが、後年になってある仕事で再会した際に急接近し、そして親友になった。「ヒッポン」で仕事をしていたときの気持ちを正直に打ち明けるなら、ぼくは彼らに対して嫉妬の感情で身を焦がしていた。自分より若い奴がその力を認められ、連載を勝ち取っている。ゲームを題材にした著書を上梓している。そうした事実が、羨ましくて仕方なかった。

だから、毎日必死に企画を考えた。ゲームを題材にした小説のネタを考え、ゲームにまつわる読み物のアイデアを考えた。形になったものもあれば、ならなかったものもある。

その中で、とくに思い出深い仕事は「素晴らしき日本のテレビゲーム」（一九九〇年一月十九日号掲載）という記事だ。

著者はハワイ大学の学生アンドリュー・カルカベッキア。日本のゲーム事情を分析した卒論を書くために来日し、残していった下書きをぼくが翻訳した……という体になっているが、本当はアンドリュー・カルカベッキアなんて学生は存在しない。すべてぼくが捏造したフェイク記事だ。

最初のアイデアは、編集のヒラ坊が持ちかけてきた。

時期はちょうどスーパーファミコンの発売が間近に迫っていた頃だ。ファミコンに対抗するように、他社もPCエンジン CD-ROM2、メガドライブといったゲームハードで追撃する。前年に発売したゲームボーイも好調だった任天堂は、新たにスーパーファミコンを市場に投入し、他社の追撃を振り切りたい。そんな状況を見て、各ゲーム雑誌ではゲーム機の開発競争を戦国時代になぞらえる記事を掲載していた。

当然、「ヒッポン」でも同種の記事が求められる。その結果、ぼくのところにそんな記事の執筆依頼がなされたわけだが、しかし、打ち合わせの席でヒラ坊は開口一番こう言った。

「とみさわさん、小林信彦の『ちはやふる奥の細道』って読みましたか? あのスタイルでいまの日本のゲーム状況を解説したらおもしろいと思うんですよ」

■ アンドリュー・カルカベッキア

カルカベッキアという名前は、ヒラ坊がプロゴルファーのマーク・カルカベッキアからパクって命名した。ゴルフはおろか、スポーツ全般に疎いぼくには到底思い付くことのできない名前である。

奥の細道がどうしたって？　松尾芭蕉でなく小林信彦ォ？

なにしろ自分は西村寿行で文章を書くことに目覚めたような人間だ。小林信彦なんて小学生のときに『オヨヨ大統領』を一冊読んだっきり。でも、仕事で必要なら読んでみるしかない。急いで目的の本を手に入れ、ひと通り目を通してみて、やっとヒラ坊の言ってる意味がわかった。

『ちはやふる奥の細道』は、日本文化を研究しているアメリカ人の若者が松尾芭蕉の生涯を追跡し、その人物像を読み解いたものだ。しかし、青い眼から見た日本文化への理解は大いなる誤解に溢れ、笑いを誘う読み物になっている。そして、ここまで言えばおわかりのことと思うが、そもそもそんな外人は存在しない。小林の創作によるパスティーシュなのだ。

つまり、ヒラ坊はこれと同じ手法を使って、日本のゲーム機とゲームソフトの置かれた状況を笑いに変えよう、と言うのである。そんなこと、これまでどこのゲーム雑誌もやっていなかった。ならば、やってみる価値は十分にある。

その結果、とくに業界的に大きな話題になることはなかったが、「ヒッポン」という雑誌の歴史の中ではそれなりの爪痕を残せたと思う。読者からの手紙もたくさんいただいた。その大半はカルカベッキアくんへの批判的なご意見で、彼の勘違いをあざ笑うものだった。もちろん、それはぼくとヒラ坊の狙い通りなのである。

ぼくが「ヒッポン」で仕事を始めたタイミングで、ゲームフリークは『クインティ』を完成させて株式会社となる。その過程については第5章で詳しく述べるが、創業時のメンバーは、田尻智の他にプログラマーが二人いるだけで、現在、会社を牽引している増田順一と杉森建はまだ社員でなかった。

その段階では、ぼくもまだゲームフリークの社員にはなっていない。なぜなら、その時期には「ファミコン神拳」のメンバーと、あるゲームの開発に取り掛かっていたからだ。

4-07

竜退治はまだ飽きない

「ファミコン神拳」の最終回は、一九八九年の「少年ジャンプ」新年号に掲載された。そこには、次のようなラストメッセージが書かれている。

ミヤ王、ゆう帝が始めたファミ神ももう3年以上。街にはカスゲームがあふれ、面白ゲームは影をひそめている。

つまらないゲームと闘い、面白ゲームを追求し続けた、ファミ神伝承者たちは、今ひとつの結論にたどり着いた。

「これからは、自分たちでゲームを作るしかない!!」と。

さらば、ファミコン神拳!!　いつかまた、どこかで会おうぜ〜〜っ!!

「ファミコン神拳」の誌上において、ゆう帝とミヤ王が『ドラクエ』の開発者であることは、表向きでは伏せられていた。それを前提にしての「これからは自分たちでゲームを作るしかない」という発言である。

ゆう帝の下でゲーム作りを学んだミヤ王は、ロト三部作（『ドラゴンクエスト』『ドラゴンクエストII 悪霊の神々』『ドラゴンクエストIII そして伝説へ…』）の終了を機にドラクエチームを離れ、一人のゲームクリエイターとして独立した。そのミヤ王をリーダーとして、キム皇とカルロス（ぼく）を合わせた三人で新プロジェクトを立ち上げることになった。それが、のちに『メタルマックス』と名付けられるゲームの開発だった。

一九八九年、夏——。

ファミコンの性能にはそろそろ限界が見えてきた頃だ。市場ではより高性能な次世代機、すなわちスーパーファミコンの登場が待ち望まれていた。

とはいえ、ファミコン人気もまだまだ根強く、相変わらず新作ソフトは発売され続けている。ぼくらが作らんとしているゲームも、ファミコン用ソフトをターゲットに開発をスタートさせた。

正直に言おう。この段階でのぼくらは、そんなに立派な志は持っていなかった。RPGを作るのがいかに大変なことかは、ドラクエチームにいたミヤ王はわかりすぎるほどわかっている。ぼくもそれが一筋縄ではいかないことに気づいていた。

一方、さくまあきらさんの『桃太郎電鉄』がヒットしたのを見て、同種のサイコロゲームなら楽に作れるのではないかと思った。双六をベースにして、そこに何か現代的な味付けをすればなんとかなる。1年くらいの短期間でチャチャッと作って、さっくり儲けようや！

そんな軽い気持ちで始めたのである。もちろん、ボードゲーム作りがそんな簡単なものではないことくらい、いまは十分理解している。ただ、当時はまだみんな若く、世の中をナメていた。

ともかく、最初はそんなところから企画会議を始めた。プロジェクトのスタートが先か、契約が先かはもう覚えていないが、ミヤ王の知名度と実績を元に広告代理店が動き、データイーストというゲームメーカーで開発・発売することが決まった。ゲームのプランニングはミヤ王の個人会社である有限会社クレアテックが担当する。ぼくとキム皇はその下請けという位置付けだ（キム皇も自身の会社ケイアイデアがあったので、もしかしたら個別に契約

…壊滅し、半分以上が水没した都市として登場
…立地もほとんどが離れ小島のようになっていますが、か
…橋を渡ると、サブゲーム的な何か（例えばボウリング場とか競技場と
か）で遊べるものを配置することも考えています。
また、離れ小島の存在は、自走式戦車橋などを登場させると、より面白くなると思われ
ます。

■ メタルマックスの企画書

会議を繰り返し、決まったゲーム概要とアイデアの断片を企画書にまとめるのはぼくの役目だった。人物やモンスターを描くのは無理でも、こういうマップを描くのは超得意だったので、よろこんで引き受けた。

していたかもしれない)。

　プロジェクトが正式にスタートすると、三人で企画を練り始めた。

　どんなボードゲームにしようか。『モノポリー』がそうであり、『桃太郎電鉄』もそうであるように、ボードゲームというのは基本的に経済(=商品価値の変動)を主軸にして遊びが進行する。そこは我々も踏襲しよう。どこかで何かを安く手に入れ、別の場所へ持って行って高く売る。それが市場経済の基本だ。

「各地に森だの湖だのがあるわけ。そこでは固有の資源が取れる」

「それを別の土地に持っていけば高く売れる。だから差額で儲けられる」

「少しずつ運ぶんだけど、たくさん運ぼうとするとそれだけリスクが上がるよね」

「運搬するのは……トラックかな?」

「貯めたお金でトラックを改造できたら楽しいじゃない」

「途中で野盗が出るんだよ。そいつらに資源を横取りされちゃう」

「だったら、野党を迎撃するための武器が欲しくなるね」

「マシンガンを付けたり、砲塔を載せたり……」

「だったらトラックじゃなくて、戦車でいいんじゃない?」

　最初、ぼくらはＲＰＧを作るつもりではなかった。だが、会議を重ねるうちに企画内容は変化していった。

主人公は戦車に乗って冒険する。稼いだ金はその戦車を改造するために使う。モンスターの中にはお尋ね者もいる……。すなわち『メタルマックス』の原型だ。

その当時、ファミコン業界には『ドラクエ』シリーズの影響でRPGの波が来ていた。かつてぼくが『ザナドゥ』に手を出して挫折したように、RPGはパソコンゲームの世界では定番のジャンルだったが、それはあくまでもマニアックなユーザーに向けてのもの。

ところが、パソコンRPGをわかりやすく翻訳した『ドラクエ』のおかげで、ファミコンからゲームを遊び始めたようなライトなゲームファンにも、RPGのおもしろさが知れ渡っていた。ファミコン市場には、それ『ドラクエ』に続けとばかりに、数多くのRPGが投入された。

ここで具体的なタイトルを挙げることはしないが、それらは玉石混淆で、名作・傑作もあれば、駄作も多かった。珍作ならまだマシな方で、なかにはゲームの体を成していないようなものも少なくなかった。

ぼくらが「RPGを作るつもりではなかった」と公言するのは、そうしたブームへの便乗を否定することが理由ではない。少なくともミヤ王に関しては、トップクラスのRPGである『ドラクエ』チームから離脱した直後なだけに、ここでわざわざRPGのオリジナルタイトルを手掛けるのは、いかにも動機が薄い。

それがなぜRPGになったのか？

あえてドラマチックな言葉選びをするなら、「運命に身を委ねた」ということになるだろう。

その現場にぼくはいなかったので、後で人から聞いた話だが、開発会社がデータイーストに決まったとき、広告代理店とデータイーストの間で、ミヤ王こと宮岡寛は「日本で5本の指に入るゲームデザイナー」だから「このプロジェクトに社運を賭けるのだ！」ということになったらしい。まったくありがた迷惑な話であるが、そういうことなら作るべきは市場で人気の高いRPGを、となるのは必然だ。それにRPGならミヤ王に開発のノウハウがある。キム皇もぼくもRPGは大好きなジャンルだから異存はない。

その結果、『メタルマックス』は晴れてRPGとして制作されることになる。

ただし、その世界観や舞台設定に関しては、まったく『ドラクエ』とは違うものを作るという前提に立っていた。中世ヨーロッパ的な「剣と魔法の世界」は封印する。

そこへ、前述したように「戦車」というキーワードが出てきた。その戦車を魅力的に見せられる舞台として核戦争後の荒廃した世界を用意し、主人公は賞金首のモンスターを狩る流れ者、という方向性が見えてきた。あとは、それに合わせてゲームシステムを構築していくだけだ。

連日のように三人で集まってはアイデアを出し、仕様書を作成していった。途中、キム皇は単独でゲームボーイ用ソフト『ジャングルウォーズ』を作る仕事が入ったので、『メタルマックス』からは離脱していった。かわりにその穴を埋めてくれたのが桝田省治さんだ。

桝田省治といえば、いまでこそ『リンダキューブ』や『俺の屍を越えてゆけ』などで知られる有名ゲームクリエイターだが、当時は広告代理店に所属するデザイナーだった。『メタルマックス』においても、最初は宣伝担当としての関わりでしかない。

それが、いざ開発を手伝ってもらったら、予想以上に貢献してくれたのだ。

彼はとにかく仕事が早い。

武器屋などショップのフローチャートを書いてもらうと、方眼紙に手書き文字で雑に書かれてはいるが、それがいちいち正確で早い。しかも、書き込まれたセリフがウィットに富んでいておもしろい。

ぼくはミヤ王からRPG作りの基礎を学んだが、桝田さんからもずいぶん様々なことを学ばせてもらった。

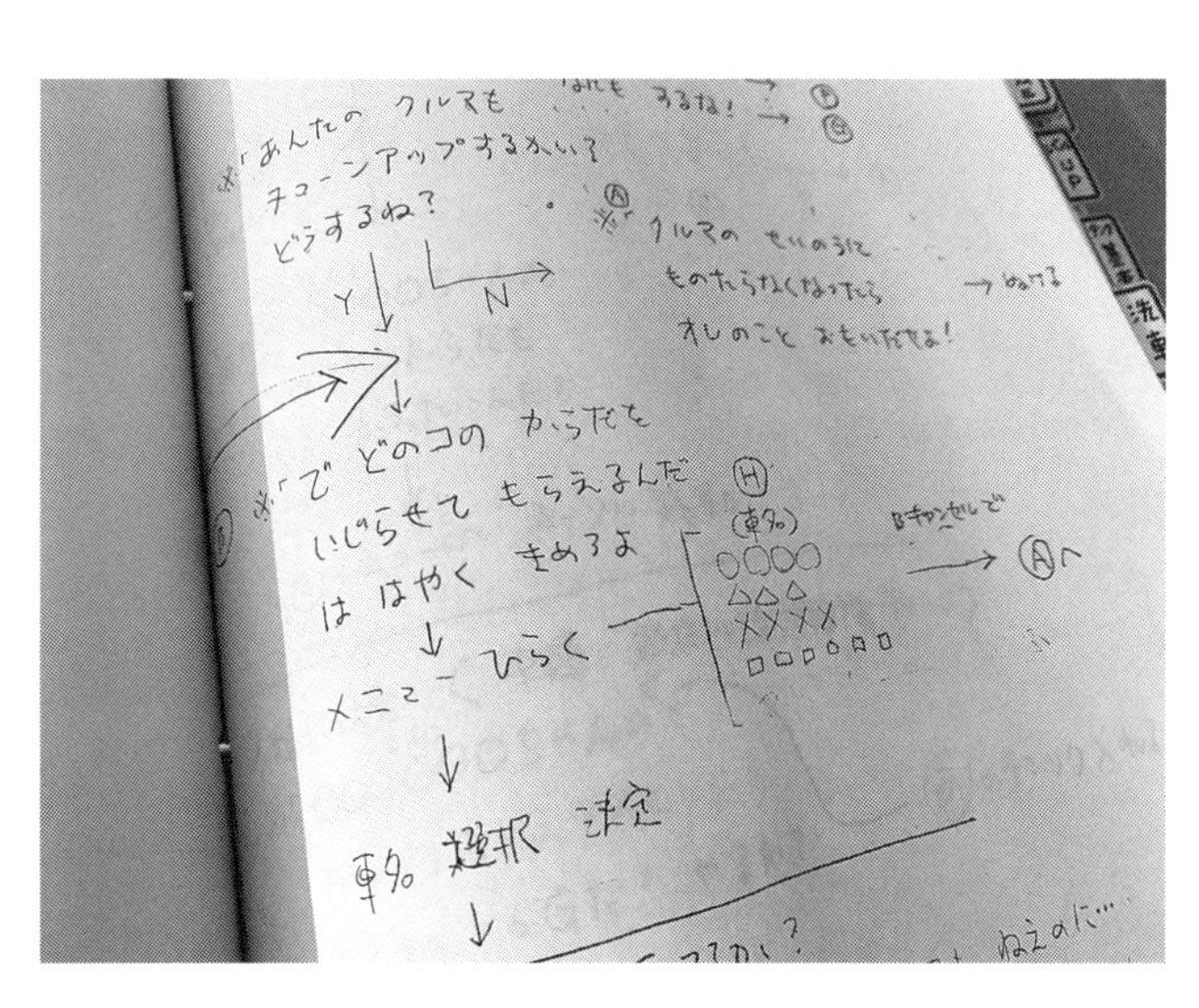

■ 桝田さんのフローチャート

必要最低限のことが簡潔に書かれている。これはシャシー改造屋のフローだが、セリフから滲み出る変態っぽさは『メタルマックス』の独特な個性にもなった。

ただ、その一方で彼の広告屋という属性に反発する気持ちも少なからずあった。

あの有名な広告コピーの「竜退治はもう飽きた」は、桝田さんから出たアイデアだったが、ぼくはこれには反対だった。なぜなら、ぼくは『ドラクエ』に飽きてなどいなかったし、かつてペプシがコカコーラに仕掛けたような挑発的広告戦略や比較広告といった手法が好きになれなかったからだ。元『ドラクエ』スタッフのミヤ王だって、師匠にケンカを売るような真似はきっと本意ではなかったろう。

けれど、いま振り返ってみれば、あれも正解だったのだ。

あの時点で、知名度ゼロの製品を世に知らしめるためには、それくらいインパクトのあることをしなければならなかった。広告業に従事する桝田さんには、そんなの当たり前のこと。

それはわかるのだが、でも……。なまじ「竜退治はもう飽きた」というコピーがウケてしまって、しばらく「『メタルマックス』といえば竜退治はもう飽きた、ですよね」と言われることに、ぼくはずっと居心地の悪さを感じていた——。

※　※　※

ぼくが『メタルマックス』で担当した作業のうち、とくに思い入れがあるのはコロナビルの倒壊イベントだ。

地盤沈下によって道路が分断された場所に、高層ビルが建っている。モデルは池袋のサンシャイン60。当時、仕事終わりでいつもミヤ王には六本木のバーに連れていってもらった。そこで初めてメキシコの「コロナビール」を飲み、そのうまさに感激してビルの名前にいただいた。太陽（のコロナ）に届くほどの高層ビル、なんて後付けで考えた設定もある。

このビルを爆破すると、崩れた瓦礫が周囲の浅瀬を埋め立てる。戦車がその上を渡って向こう岸へ行けるようになるという仕掛けだ。

ビルの倒壊シーンをアニメーションで見せられればいいのだが、技術的にそんなことができる時代じゃない。フィールド上でいくつか爆煙のオブジェクトを表示し、画面を暗転させたのちに瓦礫で海が埋まっているマップに切り替える。ファミコンの貧弱な表現力で見せられるのはそれが限界だ。

それでも、イベント発生に必要な爆薬を入手するクエストと、それをこなした達成感、貧弱ながらも必要最小限のグラフィック演出、的確な効果音、それらが絶妙に組み合わされば、豪華なムービーシーンなどなくとも、プレイヤーの脳内には「高層ビルが轟音とともに崩れ落ちるイメージ」が浮かび上がるだろう。ファミコンにはそれだけの力がある。ぼくはそう確信していた。

ゲームは、モニター上に映し出されたものだけがすべてじゃない。その表現と演出の妙によって、画面に見えている以上のイメージを創出することができる。ハードのスペックを超えた世界を提供することができる。かつて、真っ黒な画面内を左右に往復する白く四角いドットを「テニスボール」

だと思えたように。

『メタルマックス』を作る際に、強く心掛けていたことがある。それは、「ゲームはゲームの外に出ていかなければならない」ということだ。そのことを象徴するアイデアが「駐車場の白いライン」だった。

フィールドに点在する街には、ときおり駐車場がある。現実の世界がそうであるように、路上から私有地に入るときには、クルマを降りなければならない。『メタルマックス』の世界では路上駐車などのペナルティはないので、路上であろうと、他人の家の前であろうと、どこに戦車を停めてもかまわない。そんな世界観の中で、ぼくはあえて駐車場を設置することを主張した。

駐車場には白線で駐車スペースの指示があり、ご丁寧に番号まで振ってある。ここに停めなさいと言わんばかりに。

繰り返しになるが、『メタルマックス』の世界では、どこにクルマを停めてもいい。街の外に路上駐車してもいいのだから、街の中の駐車場はおろか、その白線に沿って停める必要などまったくない。けれど、いざそれを形にして提供してみると、プレイヤーの皆さんは、誰もが、きちんと、駐車場の白線に沿って、クルマを停めてくれた。これは本当に嬉しかった。

このことは、ぼくの狙いが当たったという喜びだけではない。テレビゲームの大きな可能性を感じさせてくれる出来事でもあるからだ。

白線に沿って停めなくても、ゲーム的にはなんのペナルティもない。けれど、プレイヤーはつい白線に沿って停めたくなる。ゲームのシステムとして何ら見返りもないのに、その仕組みに合わせて余計なひと手間をかけたくなる心理。これこそが、ゲーム作りにおいてぼくの目指すところだった。テレビゲームが、ゲームの中から飛び出して、プレイヤーの現実世界（プレイヤー自身の心）に影響を及ぼす。ぼくがゲームを通じてやりたいのはそういうことだった。

もうひとつ、「ゴミ箱」の話もしておこう。

駐車場に白線を引くことを提案するのと同様に、ぼくが『メタルマックス』の仕様で強硬に主張したのは、町の随所にゴミ箱を設置して「不要となったアイテムを捨てられるようにしたい」ということだ。

『ドラクエ』を思い返してほしい。最初のうちは役立つアイテムだった「やくそう」も、主人公のレベルが上がってホイミなどの回復魔法を覚え、ＭＰ（マジックポイント）の上限が大きくなると、やくそうを使う機会は減ってくる。

すると、所持できる個数に限りのある道具袋の中で、やくそうは邪魔者に感じられるようになる。そうした場合、プレイヤーは道具屋を訪れたときにやくそうを売りさばくか、なんなら路上に捨ててしまうだろう。

路上にポイ。

そのとき、あなたの心には罪悪感が生まれていなかっただろうか？

たとえ1000人から「ないね」と言われようとも、ぼくにはあった。荒野で「やくそう」を捨てるときに、ここじゃなくて、できたらちゃんとゴミ箱に捨てたいなあ、といつも思っていた。だけど、『ドラクエ』ワールドにゴミ箱はない。

だから『メタルマックス』には、ゴミ箱を置きたかった。もちろん、遊びとして窮屈なものにはしたくないので、「不要なアイテムを捨てるときはゴミ箱に入れなければならない」という強制的なルールを設けたりはしない。ゴミ箱に捨てなくてもいいけど、わざわざゴミ箱のところまで行って捨てることもできる、そういう自由を与えたかったのだ。

シナリオ進行の強制力を希薄にして、プレイヤーの思うがままに物語を進められるのを売りにしていた『メタルマックス』は、自由なRPGである。ぼくは、駐車場の白線も、物が捨てられるゴミ箱も、『メタルマックス』の自由を形成する要素のひとつだと思っていた。

結果的に、駐車場のシステム（システムというか、床に白線を引くだけだが）は採用されたし、ゴミ箱も採用された。

ただ、いまさら蒸し返して申し訳ないけれど、ゴミ箱システムの議論をしていたときに、あるスタッフが提案してきた言葉が忘れられない。

それは、「ゴミ箱のシステムを実装するなら、ゴミ箱に何回ちゃんとゴミを捨てたか、その回数をエンドクレジットで表示したらどうでしょう？」というものだ。

ぼくはこれには大反対した。

なぜなら、それをやった瞬間に、ぼくの思い描く「ゴミ箱システム」はゲーム内の陳腐な仕組みのひとつで終わってしまうからだ。

テレビゲームは、これまでに出現したあらゆる遊びの中で、もっとも大きな可能性のあるものだとぼくは信じている。少なくともゲームから受けた刺激は、ぼくの人生を変えた。それは、ゲームの持つ刺激が、コンピュータのプログラムや、それを映し出すモニターの画面から外へ飛び出して、ぼくらの心に働きかけるからだ。

駐車場に停めなくてもいい。白線に沿わせなくてもいい。ゴミを路上にポイ捨てしてもいい。

でもそれでいいのか？

白線にきちんと停めました。入手した戦車を番号順に停めました。ゴミはゴミ箱に捨てます。それをしたところで、なんの見返りもない。だが、考えてみれば現実だってそうじゃないか。お地蔵様に笠をかぶせてあげても、夜中にお宝を持って恩返しに来たりはしない。

見返りなんかなくても、自分の心が気持ちよければ、それでいい。ご褒美はゲームの中ではなく、自分の心の中にあるのだ。

これより時期は少し後のことになるが、ぼくは『ポケモン』開発の舞台裏を『ゲームフリーク 遊びの世界標準を塗り替えるクリエイティブ集団』（メディアファクトリー刊）という本にしたことがある。

これは『ポケモン』関係者への取材で得られた情報と、当時現場で見聞きした自分の体験を織り交ぜて一冊にまとめたものだ。その取材のときに、任天堂の宮本茂さんはこんなことを言っていた。

かつて任天堂ではディスクシステムのゲームを作りましたね。あれって、製造ラインがディスクライター一台ごとに全部違うものにできるわけです。(中略)もちろん、『ポケットモンスター』はディスクシステムではなくてロムカセットですから、五〇バージョンのゲームなどというのは不可能ですが、いまのようなふたつのバージョンという形なら、パラメーター操作とかそういう微妙な操作をするだけで作れるんじゃないか、っていう話で具体化させていったわけです。あまりたくさんのバージョンがあってはあかんけれども、二種類程度ならば許されるのではないか。お店でどちらのゲームを買うか、というところからすでにゲームが始まっているというのは、キャッチフレーズとしてもおもしろいでしょう。それで思い切って〈赤〉と〈緑〉というふたつのバージョンを作ることが、その場で決まったんです。

このときの宮本氏の発言で重要なのは、「お店でどちらのゲームを買うか、というところからすでにゲームが始まっている」という部分だ。そう、『ポケモン』は、ゲームを買う前からすでに遊びが始まっている。これもまた、「ゲームの持つ刺激がゲームを飛び出してぼくらの人生に働きかける」ことの、ひとつの例と言えるだろう。

結局、『メタルマックス』の開発には約2年ほどの時間がかかった。発売されたのは一九九一年の五月。そのおもしろさには自信があったが、正直、売れたとは言い難い。それも当然だ。すでに前年の十一月にはスーパーファミコンが登場し、前時代のゲーム機であるファミコンは、すっかり人気に翳りを見せていたからだ。

この仕事を通じてぼくが手に入れたのは、少しばかりのロイヤリティと、本格的なゲーム制作者としての経験だった。

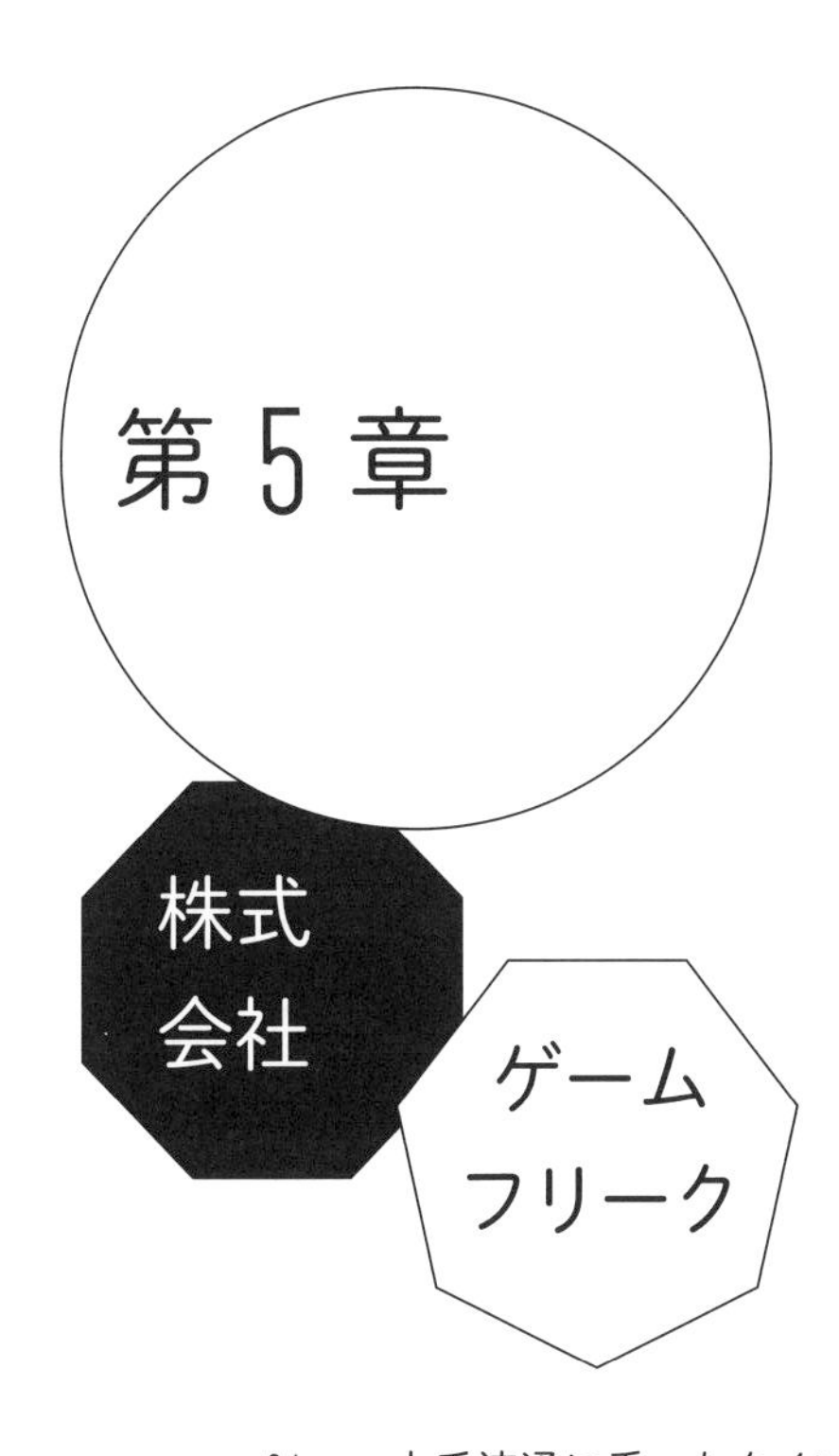

第5章 株式会社ゲームフリーク

01 大手流通に乗ったクインティ
02 ゲーム会社になぜ出版部が？
03 開発部員としての仕事
04 二度目のフリーランス
05 知的な時限爆弾

5-01

大手流通に乗ったクインティ

一九八五年から一九八九年にかけて、ゲーム業界は激動の時期だった。いや、それまであまり一般には認知されていなかった「ゲーム業界」というものが、急速に姿を現していったのだとも言える。一九八五年に発売された『スーパーマリオブラザーズ』でファミコンブームが起こり、それに呼応して「ファミリーコンピュータMagazine」が創刊された。その後を「ファミコン必勝本」「ファミコン通信」といった後続誌が追いかけることで、ゲームマスコミが形成されていった。

田尻智と出会ってゲームフリークのメンバーになったといっても、あくまでもそれは遊び仲間としてであって、ぼくにはぼくの生活と仕事があった。

「スコラ」をきっかけとしてゲームマスコミの世界に身を投じることになったぼくは、たくさんのゲーム雑誌で記事を執筆しながら、『エアロビスタジオ』や『メタルマックス』など、実際にゲームを作る仕事にも関わるようになっていく。

ぼくが『メタルマックス』のプロジェクトに参加するより少し前のことだが、ゲームフリークの面々も自分たちのオリジナルゲームを作るプロジェクトを立ち上げていた。後に『クインテイ』と名付けられるそのゲームは、7×5マスに分割された画面で繰り広げられるアクションパズルゲームである。

　当時のゲームフリークはまだ会社ではなく、フリーランスの集団だった。そのため事務所へ顔を出しても、全員が揃っていることはまずない。ただ、かなりの頻度で若いプログラマーが一人、黙々と作業をしていたのは覚えている。そこに、外での仕事を終えた田尻や杉森がやってきて、各自の受け持ちの作業を始める。音楽を担当した増田順一は、その時点ではまだ会社勤めをしていたので、事務所に来ることは滅多になかった。なにより音楽制作は一人の環境で進める方がいいので、事務所に来る必要がないのだ。ぼくがゲームフリークに顔を出すようになったのも、このタイミングだった。

『クインティ』には、様々な敵キャラクターが登場する。アクションの基本が「床に敷かれたパネルをめくる」というもので、敵の乗ったパネルをタイミングよくめくって相手を跳ね飛ばし、壁にぶつけてやればやっつけることができる。ということは、敵がどんな動き方をするかによって、ゲームのおもしろさが変わるし、難易度にも変化を与えられるのだ。

　アマチュア時代のゲームフリークでは、堅苦しい企画会議を開くことはなかったが、雑談がいつのまにかアイデア会議になることは多々あった。

「デブキャラは重いから、足元のパネルをめくっても少ししか跳ね飛ばせないんだよ。でも、歩くのも遅いから逃げやすい」

「コサックダンスで移動する奴がいてさ、そいつの足の動きでパネルがめくられ、迂闊に近づくとこっちが跳ね飛ばされちゃう」

「床に落書きする敵なんてどう？　その落書きが実態化して出現する……」

彼らのアイデアは、ただの思いつきとは違う。そのアイデアが何らかの現象を引き起こし、その現象がプレイヤーキャラクターに影響を与え、それがゲームクリアの足かせになることもあれば、逆に気持ちのいい攻略法につながったりもする。

田尻は「ゲームのアイデアは攻略法もセットで考えろ」と、口癖のように言っていた。

開発メンバーでないぼくは、テーブル筐体で『ゼビウス』をやりながら話を聞いているのだが、彼らの会話はたまらなく刺激的だった。釣られてぼくも「シオマネキ」という敵キャラのアイデアを出したことがある。

そいつは、実在するシオマネキ（望潮）のように、片方の腕だけが太い。パネルで跳ね飛ばしても、重心が偏っているので、重い方の腕を軸にしてクイッと曲がって止まってしまう。それだけのものだ。

「とみさわさんのアイデアは思いつきだけなんですよ」と、田尻に笑われた。まったく頼りないものだ。片腕が重くてクイッと曲がるなら、その曲がることで何かおもしろい現象が起きなくてはならない。曲がることを逆利用して敵を一網打尽にできるとか、何らかのボーナスポイントが入るとか、ひとつの発想をより大きなおもしろさに展開することで、初めてそれは「アイデア」と呼べるものになる。

そのときは笑われて終わっただけだが、いまでもこのエピソードを忘れられずにいるということは、そのときぼくはたしかに田尻から何かを受け取ったのだ。

約3年ほどの時間をかけて、『クインティ』は完成に至った。もちろん、アマチュアが作ったゲームであり、どこで発売するかは決まっていない。ただ、田尻には最初から意中のメーカーがあった。

ナムコである。

田尻がこよなく愛したゲーム『ゼビウス』を作ったメーカーであり、ファミコンソフトでもナムコット・ブランドとして数々の名作を世に送り出している。そのラインナップに加わることができたら最高ではないか。

■ クインティ

田尻が「新しいゲームは動詞から作られる」ことに着目して、床のパネルを“めくる”ゲームである『クインティ』を考案したというのは有名な話。まだそのタイトルが決まる前、仲間内ではパネルをめくるから「めくらんか」、プレートの上を走るから「プレートランナー」などと呼んでいた。北米版のタイトルが『Mendel Palace』だと知らされたときには、「面が出るからメンデルパレスかよ！」とみんなで笑い合った。

幸いナムコには知人がいた。『新明解ナム語辞典』でお世話になった粕川由紀さんだ。その編集を請け負ったぼくはもちろん、ゲームフリークも画面撮影のために力を貸している。その粕川さんにコンシューマ部門の課長であるI氏を紹介してもらい、面会を取り付けることができた。

本来なら、ぼくは『クインティ』とは無関係な人間なのだが、なりゆきでプレゼンに同行することになった。当時のゲームフリークの中では年長だったということもあるし、フリーライターになる以前に社会人の経験があったということも理由だったかもしれない。

とにかく、ぼくは田尻と二人で大田区の矢口渡にあったナムコ本社へ出かけていった。正確には覚えていないが、一九八八年の秋から冬にかけてだったように思う。

会議室に通され、挨拶もそこそこにプレゼンを始める。とはいっても、面倒な企画書やカンプを用意して見せる必要はない。なにしろゲームそのものはすでに完成しているのだ。

田尻は、用意されていたファミコンにプログラムを焼いたROMカセットを挿す。あとは電源を入れて遊んでみてもらえばいい。それがすべてだった。

そして、ぼくらが会議室に通されてから30分後には、『クインティ』をナムコット・ブランドとして発売することが決定していた。

それから約半年ほどの時間をかけて、ゲームフリークでは『クインティ』のブラッシュアップ作業に取り掛かった。タイトル周りを整え、ステージセレクト画面などを盛り込み、よりナムコらしいテイストの製品に仕上げていく。ぼくは田尻から取扱説明書の制作を依頼され、開発資料を元にしてまとめ上げた。

アマチュア集団・ゲームフリークの作った自主制作ファミコンソフトが、大メジャーのナムコから発売されるというニュースは、ゲーム業界に衝撃を与えた。そんなことは、これまで前例のないことだった。『クインティ』を受け入れてくれたナムコ側の腹づもりとしては、これを前例として今後も優秀な自主制作ゲームが持ち込まれることを期待していたようだが、ゲームフリーク以降、そのような動きはなかったという。

一方、ゲームフリークは『クインティ』の成功で得た資金を元に法人化し、株式会社ゲームフリークとなった。高校生の頃から「シャチョー」と呼ばれていた田尻は、名実ともに「社長」となったのだった。

■ 明和マンション
晴れて株式会社となったゲームフリークは、同じ下北沢でも井の頭通りに近いところの少し広い場所に移転した。社員は５人に満たなかったと思う。一般住宅用のマンションなので、パソコンを何台も同時に稼働させると、よくブレーカーが落ちた。夏はエアコンを点けるわけにいかず、プログラマーは水を張った桶に足を突っ込んで作業をしていた。

5-02

ゲーム会社になぜ出版部が？

ゲームフリークの仲間と田尻との間には、考え方にズレがあった。みんなはファミコンソフトの自主制作はあくまでも趣味であり、それで利益を出すことなど考えてもいなかった。

ところが、田尻は最初から商業ラインに乗せるつもりでいた。『クインティ』を完成させ、ナムコに持ち込んで商品化し、利益が出たらそれを資本金にしてゲームフリークを法人化する。最初からそれを目指していたのだ。言い換えれば、『クインティ』が終わった後も事業としてゲーム開発を継続していく、ということだ。

唐突に「会社にする」「社員にならないか」と言われ、ゲームフリークのメンバーは戸惑ったことだろう。現在、取締役開発本部長を務める増田順一は、ゲームフリークの立ち上げ時は一般企業に就職していたので、この時点では社員にはなっていない。同じく取締役の杉森建も、田尻から入社を誘われたが、マンガ家としてやっていきたい気持ちが捨てきれず、創業時にはまだ入社していない。

結局、株式会社ゲームフリークは社長の田尻と、プログラマーの2名を正社員として迎えることで出発した。それからしばらくして、増田と杉森も正式にゲームフリークの社員となる。

創業から何年か経った頃、ぼくも入社を誘われた。非常にありがたいことではあったが、やはり最初は断ってしまった。その理由のひとつは、自分が田尻より年上だったこと。自分より若い者が興した会社に入るということに、そのときはどうにも抵抗があったのだ。

また、ゲームを作ることに喜びを感じてはいながらも、やはり本業はライターだと感じてもいた。文章を書くことこそが自分のアイデンティティであり、ゲームを作ることを人生の最終目標にはしていなかった。だから、ゲームフリークへの入社が自分の進むべき道のようには感じられなかった。

そんな、ちっぽけなプライドを盾に一旦は距離を置いてみせたものの、遊び仲間としては最高に気が合う集団でもあったから、ヒマさえあればゲームフリークに顔を出していた。フリーの立場で一緒に仕事をすることも多かった。いや、ゲームフリークを通じて請け負う仕事は、確実に増えていった。

ゲームフリークが編集プロダクシ

■ 第二鈴木ビル
さらに人数が増えてきたので、下北沢の駅前繁華街にあるこのビルに移転した。ぼくが正式に入社したのもこのころだ。３階が開発部、４階が出版部で、双方合わせて15人ほどいただろうか。まだインターネットが普及しておらず、３階と４階の外壁にケーブルを這わせてイントラネットを構築した。

ョン的な機能も備えていたので、会社名義で雑誌の仕事を請け負ったり、ゲームフリークのゲーム開発を手伝う機会が多くなっていったのだ。気がつけば、収入の半分以上はゲームフリークに依存していた。だったら、このままフリーランスで関わっていても、会社に入っても、たいした違いはない。

ゲームフリークが法人化したのは一九八九年のこと。それから2年後にぼくは契約社員として参加し、さらにその翌年、改めて正社員として入社した。一九九二年四月のことだった。

ゲームソフトの開発はソフトハウス（デベロッパー）が行う。それを製品として販売するのはメーカー（パブリッシャー）だ。両方を兼ねている会社もあるが、ゲームフリークはあくまでもソフトハウスである。したがって、メーカーから依頼が来るか、こちらから提案した企画がメーカーの審査を通らない限り、仕事は発生しない。

ゲーム開発はスパンが長い。『クインティ』は約3年かかっている。『ポケモン』は6年かけたというのが伝説として知られているが、あれは特殊な事情もあるので例外と考えたほうがいい。当時のゲームフリークでは、ひとつのプロジェクトにだいたい2年から3年は費やしていた。

プロジェクトがスタートすると、発売メーカーから開発費の何割かがソフトハウスに支払われる。それを資金として会社を運営し、ゲームソフトの開発を進めていく。無事、スケジュール通りに開発が完了すればいいが、そうでない場合も多い。予期せぬ事態や様々なトラブルによって、ソフト開発は遅延していく。

会社にある程度の蓄えがあれば、多少のスケジュールの延期にも耐えられるが、そうでない場合は資金繰りに困ることになる。創業当初のゲームフリークも、それほど潤沢な資金があるわけではなかったので、それを回避するための方法をいくつか模索する必要があった。

ひとつは、複数のプロジェクトを並行して動かすこと。

次第に社員の数が増えてきたとは言っても、せいぜい10人にも満たないような人数では、複数のゲーム開発を丸ごと請け負うのは難しい。そこで、Aのプロジェクトでは企画とグラフィックのみを、Bのプロジェクトではプログラミングのみを請け負うというスタイルをとった。こうすることで、様々な職域のスタッフに仕事を与えることができ、なおかつ、ひとつのプロジェクトだけに社運を賭けることなくリスクを分散させられるというメリットも生まれる。

もうひとつの方策としては、出版事業の拡大があった。

元々はライターだった田尻が設立した会社であるから、創業後もゲーム雑誌の仕事は積極的に請け負っていた。創業から数年が経ったときには知人の編集プロダクションを吸収合併することになり、それを良いきっかけとして正式に出版部を設けることとなった。出版部の責任者はぼくが引き受けた。そうすることで、田尻はゲーム開発に専念できる。

出版部の存在意義としては、雑誌記事や攻略本などを毎月コンスタントに制作することで、会社として売り上げの安定化が図れる。また、ゲーム雑誌の誌面にゲームフリークの名が出る機会を増やせば、会社の存在感を業界の内外にアピールできるという利点もあった。いわば、出版部は広報部も兼ねていたことになるわけだ。

出版部を設立して、ぼくが最初に考えた目標はふたつあった。

ひとつは「何らかの形で毎月書籍を2冊作ること」。

これは会社としての売り上げの安定化が目的だ。少人数だったのと、ぼく自身に編集者としての経験が不足していたこともあって毎月2冊のノルマを守れないことも多かったが、それでも数多くのゲーム攻略本を作った。自社で開発した『ヨッシーのたまご』や『マリオとワリオ』も、攻略本は自分たちで手掛けた。わからないところがあっても開発部に聞けば何でも教えてもらえる。このメリットは大きかった。

もうひとつの目標は「ゲーム雑誌の連載を増やすこと」。

こちらは会社の知名度を上げるための作戦だ。アーケードゲームの新作紹介を目的とした「僕たちゲーセン野郎」(「ファミリーコンピュータMagazine」連載)、セガ社のアーケードゲームの歴史を紐解いた「セガ・アーケード・ヒストリー」(「メガドライブFAN」連載)、『ファイナルファンタジー』ファンのための読者欄「FF竜騎士団」(「ファミコン必勝本」連載)など様々に展開させていき、いくつかの連載は単行本にもなった。

社内に開発部と出版部ができたといっても、双方の業務が完全に分離していたわけではない。前述したように攻略本の制作に開発部が協力してくれることもあったし、出版部が新規開発ゲームの企画立案に協力することもあった。現在のゲームフリークがどのような仕事の仕方をしているかはわからないが、少なくともぼくが在籍していたときはスタッフ間の職域を明確に分けることをしなかった。

出版部で『メタルマックス2』（データイースト）の攻略本を作ったときは、文中の挿絵を社内グラフィッカーに発注して描いてもらったし、開発部で『まじかるタルるートくん』（メガドライブ）を作ったときは、出版部のぼくが自ら背景のドット絵を描いた。

■ GF時代に作った本の数々
変わり種の仕事としては、相原コージさんのゲーム『イデアの日』のガイドブックがある。前半の読み物部分を相原さんと竹熊健太郎さんが手がけ、後半の攻略部分をゲームフリークの出版部で引き受けた。部数の読みを間違え、ゲームソフトよりもたくさん刷ってしまって盛大に売れ残ったという苦い思い出がある。

出来る人が出来ることをやる。手が空いてれば何でもやる。誰の意見でも平等に会議にかける。初期のゲームフリークは、少数精鋭であることを会社の武器にしていた。

少人数でフットワークが軽く、全員集まっての会議がしやすかった時代は、田尻社長との距離はいまよりもずっと近かった。そのおかげで、ぼくは彼から随分といろんなことを教わった。

黎明期のゲーム業界は関係者の平均年齢が若い。田尻が創業したのは24歳のときだ。みんな若く、血気盛んで、上り調子の業界にいるものだから、無茶な発言も多くなる。とくにゲーム雑誌では、過激なことを言ってやろう、辛辣なことを書いてやろうという、いまの言葉で言うところの「イキった」文章を見ることが多かった。ぼくも若気の至りでそういう文章を書いたことが何度もある。

しかし、田尻はそういうものを嫌った。ゲームの魅力を丁寧に読み解いて、そのおもしろさが何によってもたらされているのかを冷静に分析し、文章にしてみせる。それはミニコミを作っていたときからの変わらない態度だった。ぼくは文章の書き方に関して、田尻から直接「ああしろ、こうしろ」と指導されたことはないが、彼の書く文章を読んで〝普通であることの強さ〟を学んでいった。

まだアマチュア時代のことだが、象徴的な思い出がひとつある。それは、ぼくがゲームフリークに加入して最初にやった作業――『ゲームフリーク 23 ダライアス特集号』を作っていたときのことだ。

ぼくは誌面に掲載する攻略マップの背景イラストと、表紙で使用するタイトルロゴのデザインを担当した。そのとき、表紙の「ゲームフリーク」表記を、ちょっとした思いつきで旧仮名遣いの「ゲヱムフリヰク」にしてはどうかと提案した。だが、田尻に「そういうのってダサいから普通にして」とあっさり却下された。そのときは、自分のアイデアを否定されて反感を抱いたりもしたが、彼の言いたいことは一貫している。「普通がいちばんかっこいい」のだ。

　ゲーム作りも根っこは同じである。斬新なアクションや、革新的なシステムを追求するのは当然のことだけれど、その土台にあるのは普遍的な遊びのおもしろさだ。そこをわかっていなければ、企画は空回りする。

　ゲームフリークが世に送り出したゲームは、たくさん売れたものもあれば、あまり注目を浴びなかったものもある。複数の社員が一気に離反し、あわや解散という危機に見舞われたこともあった。それでもゲームフリークは着実に前進し、少しずつ会社を大きくしていった。

■ カシワサード

さらに人数が増え、現在もディスクユニオンが入っているこちらのビルの3階と5階に移転した。当時は1階にゲームショップ「ぴゅう」があり、ゲームフリークの製品は好意的に扱ってくれていた。

5-03

開発部員としての仕事

ゲームフリーク正社員としての本格的な生活は、出版部主任という立場から始まった。とはいえ、少ない人数で多くの仕事をこなしていくために、ゲーム開発も手伝うことになる。創業当初のゲームフリークでプランナー（企画職）ができるのは、田尻の他にぼくと杉森と、あと数名しかいなかったからだ。

それまでのぼくは読書でも映画鑑賞でも、マイナーなものやアンダーグラウンドなものを好んでいた。ライターとして署名コラムで文章を発表するなら、それでもいいだろう。マイナー趣味を全開にしてウケれば自分の手柄になるし、ウケなくても自分の責任。それだけのことだ。

しかし、会社組織に属して製品を作るなら、そういうわけにはいかない。可能な限り多くの人（マス）に受け入れられるものを作っていかなければ、会社を存続させることはできない。

前項でも述べたように、ゲーム作りの土台にあるのは普遍的な遊びのおもしろさだ。そういうものを作るには、普遍的な感性を身に付けている必要がある。

そこで、この仕事を末長く続けていくために、ぼくは意識してメジャーな作品に触れることを考えた。

まず最初に買ってきたのは『このミステリーがすごい！ 93年版』（ＪＩＣＣ出版局）だった。これは前年度に刊行された国内外の推理小説（広義のミステリー）を、著名な書評家からアマチュアまで多くのミステリーマニアが採点・投票し、それをまとめてランキングしたブックレットである。

ここに掲載されている作品を、1位から10位まですべて読んでみることにした。それまでのぼくはマイナー趣味をこじらせていたので、ベストテンのような人気投票企画に触れずにいた。マジョリティが認める作品には興味が持てなかったのだ。けれど、ゲームを作るならそうも言っていられない。

●1位『砂のクロニクル』（船戸与一）

中東の少数民族であるクルド人の独立運動を軸とした物語。とてもおもしろかった。西村寿行と大藪春彦を読破するくらいには冒険小説が好きだったので、抵抗なく読めた。

●2位『火車』（宮部みゆき）

当時の社会問題となっていたカード破産をテーマにしたミステリー。端正な語り口もあって一気に引き込まれ、夢中になって読んだ。

●3位『哲学者の密室』（笠井潔）

わーい密室ものだあ！　と喜んだのも束の間、書店で現物（初版のハードカバー）を手にしたらこれまで見たことがないような分厚さで、尻込みしてしたまま結局は買わず仕舞い。

●4位『ブルース』（花村萬月）

横浜の寿町を舞台にした暗黒小説。哀しくて、痛くて、それでいて愛しい物語。これはかなり気に入って、花村萬月はその後も数作を追いかけて読んだ。

●5位『リヴィエラを撃て』(高村薫)

硬質な文体そのものは嫌いではないが、どうも自分の肌に合わず、三分の一まで読んだところで挫折。

結局、『リヴィエラを撃て』を放擲したことで、以降の『双頭の悪魔』(有栖川有栖)、『ダレカガナカニイル…』(井上夢人)、『キッド・ピストルズの冒涜』(山口雅也)、『三たびの海峡』(帚木蓬生)、『わが手に拳銃を』(高村薫)、も読まずに済ませてしまったが、いま改めてこのラインナップを見ると、およそ一般的とは思えない作品も多く含まれている。

それでも、こうしたチャレンジをしたことは自分にとって大きなプラスとなった。以後は読書という行為へのハードルが下がり、小説でもノンフィクションでも、話題の本に手を出す機会が格段に増えたからだ。メジャー感が身に付いたかどうかはわからないが、自分が〝変わった〟という実感はあった。

ゲームフリーク在籍時に開発に携わったゲームについて、覚えている範囲で当時のことを少しだけ語ってみたい。

●『ジェリーボーイ』（一九九一年／スーパーファミコン）

横スクロールのアクションゲーム。主人公をスライムのような不定形生物に設定することで、壁に張り付いたり、細いパイプの中を進んでいったりという、これまでにないアクションを追求した。

当初、ゲームフリークでは企画とキャラクターデザインのみを請け負う形を取っていたが、ドット絵を担当する会社から上がってくる仕事のクオリティが我々の望むものとはかけ離れていたため、結局、自分たちでグラフィックもやり直すことになった。

ぼくはここでは企画、仕様書の作

■ ドット絵を描いている自分
この開発部は第二鈴木ビル時代のもの。作業中の画面は見えないが、時期を考えるとおそらく『まじかる☆タルるートくん』の背景を描いているのだと思われる。

成、背景のドット絵などを担当している。

●『ヨッシーのたまご』（一九九一年／ゲームボーイ、ファミコン）

あの『テトリス』をヒントにしたアクションパズルゲーム。このときすでにゲームフリーク社内では『ポケモン』の開発をスタートさせていたが、その仕様についてまだ迷走していた時期であり、会社は資金繰りに困っていた。そこで、プロデューサーの石原恒和さんが「任天堂がヨッシーという新キャラを出してくるから、きみたちもヨッシーで何かゲーム作りなよ」と話を持ちかけてくれた。

任天堂では横井軍平さん率いる開発一部の担当案件であり、ぼくは田尻とともに開発途中のROMを持って京都までプレゼンしに行った。その段階では、まだ画面下のマリオは左右への横移動しかできなかったが、それを見た横井さんは「ボタン押したらマリオがくるりと回ったらええんと違うか？」と言った。中途半端だった『ヨッシーのたまご』のゲーム性が、一気に深まった瞬間だった。

●『まじかる☆タルるートくん』（一九九二年／メガドライブ）

既存のマンガなどを題材にしたゲームは出来の悪いものが多い、というのが当時の定説だった。それを打破することを目指して作られた横スクロールのアクションゲームだ。ディレクションは杉森が担当し、マンガ家でもある彼が原作の魅力を徹底的に分析し、主人公タルるートの特技をアクションに活かした。声優による音声合成などにも挑戦している。

この時期、任天堂との距離が近づいていたゲームフリークではあったが、元はゲーセン野郎の集まりだったというアイデンティティを保つため、セガとの仕事も積極的にこなしていた。

ぼくはこちらでも企画と背景のドット絵を担当している。

●『マリオとワリオ』（一九九三年／スーパーファミコン）

スーパーファミコン用の新しいデバイスであるマウスでの操作を前提にした迷路型アクションゲーム。当初はバズーカ型の「スーパースコープ」向けにゲームを作ってほしいというオーダーだったが、紆余曲折を経てマウス用のゲームに路線変更となり、迷路の中をマリオが進んでいくパズルゲームに着地した。

開発途中、遊びとして成立するところまでは出来ても、なぜマリオほどのアクションスターがこの程度の迷路を抜けられないのか？　という設定上の不都合は解決できずにいた。ところが、これも京都へ持って行き横井さんに見せたところ、「マリオにバケツでも被せとけばええでしょう」と言われ、あっけなく解決してしまった。

宮本茂を育て、十字ボタンを発明し、ゲームボーイを世に送り出した横井軍平の天才的な閃きを目の当たりにして、ぼくはただただ畏れ入るしかなかった。

●『パルスマン』（一九九四年／メガドライブ）

現実世界と電脳世界を行き来することのできるスーパーヒーロー、パルスマンを主人公にしたアクションゲーム。前作の『まじかる☆タルるートくん』が好評だったため、次はゲームフリークのオリジナル作品を、という希望が叶えられて制作されたものだ。

ぼくは企画段階で少し手伝ったが、その後は出版部の仕事が忙しくなってきたので開発業務からは離れ、ソフトの完成後に取扱い説明書の編集とパッケージの制作を担当した。

ここに挙げた中で、もっとも売れたのは『ヨッシーのたまご』だ。一年足らずの開発期間でゲームボーイ版とファミコン版を同時に作り、たしか両方合わせて三〇〇万本近く売れたのではなかったか。社内のリソースの半分を『ポケモン』に割いていると、それ自体は利益を生まないので経営状態はどんどん悪化していく。そんなときに、少なめの労力で膨大な利益をもたらしてくれた『ヨッシーのたまご』は、会社にとっての救世主となってくれた。『ポケモン』の開発に6年もの時間を費やすことができたのは、ヨッシーのおかげであるのは間違いないだろう。

『ポケモン』こと、初代の『ポケットモンスター 赤・緑』の開発の経緯については、拙著『ゲームフリーク 遊びの世界標準を塗り替えるクリエイティブ集団』にすべて書いたので、改めてぼくから話せることはない。ただ、初めて『ポケモン』の企画書を田尻から見せられたときのことは、いまでも鮮烈に覚えている。

一九九〇年のある日。出版部のデスクで仕事をしていると、田尻がやってきて数枚の紙を差し出した。そこには杉森のイラストと共に仮題として『Capsule Monsters（カプセルモンスター）』というロゴが描かれていた。まだ簡単なゲーム概要しか書かれていなかったが、それでもぼくは田尻の意図するところをすぐに理解した。あえて下品な言い方をさせてもらうが、「これは金になる！」と思った。

　このゲームを自社で開発するのもいいが、この企画そのものを他社に提供しても、それだけで高く売れるだろう。それほど、モンスターを捕獲し、育成し、交換するというアイデアが画期的なものだったからだ。

　結局、ゲームフリークは『ポケモン』を自分たちの手で作る道を選択

■ カプセルモンスターの企画書

商標の都合でタイトルはのちに『ポケットモンスター』と改められた。ボールから“カプモン”が飛び出して戦うという基本システムは、このときからすでに出来上がっていた（拙著『ゲームフリーク』掲載の図版より転載）。

した。6年間という業界の常識からは考えられないほどの長い時間を費やし、ようやく完成させた。それが、どのように日本のゲーム業界に受け入れられ、そして世界にまで飛び出していったかは、すでに皆さんご存知の通りである。


ここで『ポケモン』に関連して、ひとつおかしな思い出話をしておきたい。

あれは一九九四年の五月のことだ。友人の放送作家である安芸(あき)巡平さんが、「東京ギャグコレクション」というお笑いライブをやるので観に来ないかと誘ってくれた。場所は下北沢の劇場だ。以前から演芸は好きだったし、お気に入りの爆笑問題が出演するという。劇場も会社から近かったので、一も二もなく出掛けて行った。

終演後、打ち上げの席にも呼ばれたので指定の居酒屋へ行くと、すでに出演者たちが集まって飲み始めていた。どこに座ってもいいのだが、やはり好きな爆笑問題と話してみたい。ちょうど太田光さんと田中裕二さんの間が空いていたので、図々しくも座らせてもらった。といっても、ぼくは太田さんと演芸論を戦わせられるほどその世界に通じているわけではない。話題に困ったぼくは、田中さんにゲームの話を振ってみた。彼がゲーム好きなのを知っていたからだ。

自分はこのイベントを企画演出している安芸さんの友人であり、この近くにある会社でゲームを作っているのだと言うと、案の定、食いついてきた。

そこで、いま開発中のゲームのことをチラッと話した。もちろん、守秘義務があるので未公開のタイトルやその内容を詳しく教えるわけにはいかない。ただ、それが画期的なゲームであり、発売されたら１００万本を超えるヒット作になるのは間違いないだろうことだけを告げた。田中さんがどの程度まで本気にしてくれたかはわからない。ものを作っている人間は皆「これは傑作だ！」と信じてやっている。爆笑問題の二人だってそれは同じはずだ。興味深そうにしてくれたのはそれを信じてくれたからなのか、あるいは社交辞令だったのかもしれない。

その日の別れ際、「ソフトが完成したらプレゼントします。事務所に送ればいいですよね」と言うと、田中さんはとても嬉しそうにしていた。

結局、その年の九月にぼくは思うところあってゲームフリークを退社し、再びフリーライターとして独立する。件のゲームはぼくの退社後に会社のみんなが全力を尽くして完成させ、無事、発売にこぎつけた。

爆笑問題の事務所タイタンからは年賀状が届いていた（会社がぼくの自宅へ転送してくれた）ので住所はわかっていたが、すでに会社を辞めているぼくはソフトを献呈する立場にない。それで、田中さんとの約束を守れないまま、月日が経ってしまった。

田中さんはきっと「そういえばあのとき『１００万本売れること間違いなし！』とか調子のいいことヌカしてた奴がいたなあ」と、思い返すことがあったかもしれない。まさかそれが『ポケットモンスター』のことだとは知りもせずに——。

5-04

二度目のフリーランス

ゲームフリークに在籍していた期間について聞かれたときは、説明が面倒なので「一九九二年に入社、二〇〇八年に退社」と伝えることが多い。しかし、すでに書いたように、ぼくは一九九四年にも一旦会社を辞めている。

会社に不満があったわけではない。元々が友人同士で始めた会社なのだから居心地はよかった。ゼロからものを造り上げる仕事が楽しいことばかりでないのは当然だが、完成したときにはそれまでの苦労を吹き飛ばすほどの歓びがある。

なのに、ぼくは辞めてしまった。

最初に入社をためらったときにも思ったことだが、文章を書くという自分のアイデンティティが、日を追うごとに大きくなっていった。出版部の責任者となれば、その仕事の多くは部下への作業の割り振りや、スケジュール管理が中心となる。そうした仕事を繰り返し、出版業務に関するスキルが上がっていくほど、かえって自分で文章を書きたいという気持ちが心の中で強くなるのを感じていた。もう一度、フリーランスの物書きとして勝負できないだろうか?

この楽しい場所から離れてしまうのは惜しいが、それでもぼくに退職を決意させるだけの理由は、ふたつあった。小っ恥ずかしい理由と気恥ずかしい理由、どっちから知りたい?

まずひとつは「小説を書いてみたい」と思ったことだ（ああ、小っ恥ずかしい……）。それまでは小説家になりたいと考えたことなどなかったのだが、『このミステリーがすごい！』に影響を受けてしまったのだろう、自分でも何か書いてみたくなった。

冷静に考えれば、会社を辞めなくたって小説くらい書けるはずだ。会社からの給料で生活の基盤を支え、休日を利用してコツコツと小説を書く。どう考えたってそれが正解だ。でも、ぼくは0か100か極端な性格だ。何かを思いついてしまったら、そっちへ進まないと気が済まない。両立させるのは無理なのだ。

そして、もうひとつの理由は、一九九四年あたりには会社の経営が安定してきているように思えたからだ。僭越な言い方になるが、自分がいる必要性が薄れている気がしたのである。

数年前に複数のスタッフが同時に退職して会社が危機に陥ったときは、「いまこの船から逃げ出してはいけない」と踏みとどまり、みんなで会社の立て直しに力を注いだ。しかし、もうコンスタントにゲームが作れているし、『ヨッシーのたまご』は大ヒットした。近いうちに革命的なゲームも発表される。そうなれば、もう心配はいらない。ぼくがいなくてもゲームフリークは成長を続けるだろう。そんなことを思ってしまったのだ（……ああ、気恥ずかしい！）。

ぼくが退職の意を伝えると、田尻社長は快く受け入れてくれた。「その気になったらいつでも戻ってきてよ」とまで言ってくれた。実際、それから8年後にまた契約社員として復職することになるのだから、ぼくの浅はかな考えなど社長はすべてお見通しだったのだ。

理由はともかく、再びフリーランスに戻ったぼくは仕事場として自宅の近くにマンションを借りた。まだインターネットは一般には普及していなかったが、パソコン通信で原稿を送ることができるようになっていたので、都内に仕事場をかまえる必要はない。ここを拠点として、ぼくはフリーライターの仕事を続けながら、ぼちぼち推理小説でも書いてみようと思っていた。

……というつもりだったのだが、すぐにそうはいかなくなった。「とみさわ昭仁がゲームフリークから独立した」という噂を聞きつけたアスキーから、ゲーム制作の依頼が舞い込んできたのだ。

ここで言うアスキーとは、まだ分裂騒動が起こる前の旧アスキーのことだ。この時期、アスキーでは競走馬育成シミュレーションの『ダービースタリオン』が大当たりして、ソフトウェア開発に割ける予算が潤沢にあった。そのため、ぼくのような者のところにもうまい話が転がり込んできた。

話を持ちかけてきたのは、「ファミコン通信」時代に世話になった編集者だ。会って話を聞いてみると、

・とみさわくんの企画とシナリオでRPGを1本作ってほしい。期間は約2年。
・グラフィック制作とプログラミングをする会社はアスキー側で用意する。
・報酬は2000万円。開発に着手したらまずは準備金として700万円を振り込む。

という破格の条件だった。いや、世間の相場がどうなのかは知らないが、プログラミングを理解

しているわけでもなく、自前のゲーム開発チームを率いているわけでもなく、文章を書くのが少しばかり得意なだけの人間が2年間に受け取れる報酬としては、十分に破格と言ってよいだろう。

意気揚々とフリーライターに戻りながら、たいして蓄えもなかったぼくの鼻先にぶら下がった2000万円というニンジンはでかい。断る理由がひとつもない。打合せや作業を円滑に進めるため「アスキーのある初台（当時）周辺に引っ越してきてほしい」という付帯条件はあったが、お金さえくれるならどこにだって引っ越そう。

契約書にサインしたぼくは、すぐに松戸のマンションを引き払い、新たに明大前で見つけた2LDKのマンションを借りた。さらに、自分一人でゲームの企画を立て、シナリオを執筆し、町やダンジョンのマップ設計をし、総合的なディレクションまでこなすのは無理だと判断したので、パソコン通信を通じて知り合ったゲームデザイナー志望の青年――川内丸武史をアシスタントとしてスカウトした。

順風満帆な再スタートである。ただ……、ひとつ問題があった。

文筆業に専念したい、小説を書いてみたい、そういう理由で会社を辞めた人間が、ゲームなど作っていていいのだろうか？

ぼくはゲームフリークのみんなとゲームを作るのが好きだった。彼らとは目指す方向が一緒で、阿吽の呼吸で仕事ができた。ゲームを作るなら、ゲームフリークでしか考えられない。そんなぼくが、ゲームフリークを辞めた途端に他社でゲームを作っていいものだろうか。いくら円満退社とはいえ、それは筋が通らない話なのではないか。

田尻にそのことを相談すると、彼は「そんなの全然気にしなくていいですよ。とみさわさんが作るゲームは、ぼくも見てみたいですよ」と言ってくれた。社長、アナタはなんて心の広いお人なんだ！

結局、そのプロジェクトは『ガンプル』というタイトルで製品化された（一九九七年／スーパーファミコン）。西部劇をモチーフに、平和な村に起こった怪事件を二丁拳銃の少年ガンマンが解決していく、コメディタッチのアクションRPGだ。

キャラクターデザインはマンガ家の中川いさみ氏に依頼した。これより数年前、ある雑誌でコラムを連載した際に挿絵を描いてもらった縁で親しくなっていたのだ。彼にとっても、主要キャラ数点をデザインしただけでけっこうな額のギャラが振り込まれたのだから、おいしい仕事だっただろう。

あいにくプログラミングを担当した会社と意思の疎通がうまくいかず、ぼくが意図したようなゲームにはならなかったが、兎にも角にも完成には至り、契約書どおりの金額をいただいた。おかげで、二度目のフリーランス稼業は随分と楽に進めることができた。プロデューサー氏は「これが当たったらシリーズ化させよう」と言ってくれていたのだが、出来の悪いゲームが売れるはずもなく、続編の話は立ち消えになった。

『ガンプル』こそ売れなかったけれど、元ゲームフリークという経歴は業界ではかなり価値があったようで、それ以降も数社からゲームデザイナー、プランナーとしての仕事が舞い込んだ。

とくにいい待遇を用意してくれたのがSCE（ソニー・コンピュータエンタテインメント。現ソニー・インタラクティブエンタテインメント）で、社外プランナーのような立場として契約してくれた。『るろうに剣心 明治剣客浪漫譚─維新激闘編』（一九九六年／プレイステーション）ではアニメのシナリオをゲームのテキストに落とし込む作業を担当し、『アコンカグア』（二〇〇〇年／同じ）ではプランニングアドバイザーとして企画のブラッシュアップの手伝いをさせてもらった。

ゲームフリークとの円満な関係も続いていて、外注のシナリオライターとして出版やゲーム開発の仕事をもらうことも多かった。

一九九七年から一九九九年にかけて

■ ガンプルのキャラデザイン
中川いさみ氏の絵が動くところを頭の中で想像しながらキャラ設定を作っていったので、作業はスムーズに進んだ。主人公が乗るのは愛馬……ではなく、ロバとブタのミックス種「ロバトン」。

は『クリックメディック』（プレイステーション）の企画、シナリオに参加した。これはインターネットのハイパーリンク構造をヒントにした体内探索アドベンチャーで、テキストをたどって患者の体内を駆け巡り、治療すべき患部を目指すというものだ。これも大ヒットとはいかなかったが、ゲームフリークらしい野心的なゲームデザインで、彼らの底力を改めて実感した。

また、『ゲームフリーク 遊びの世界標準を塗り替えるクリエイティブ集団』の執筆を思いついた

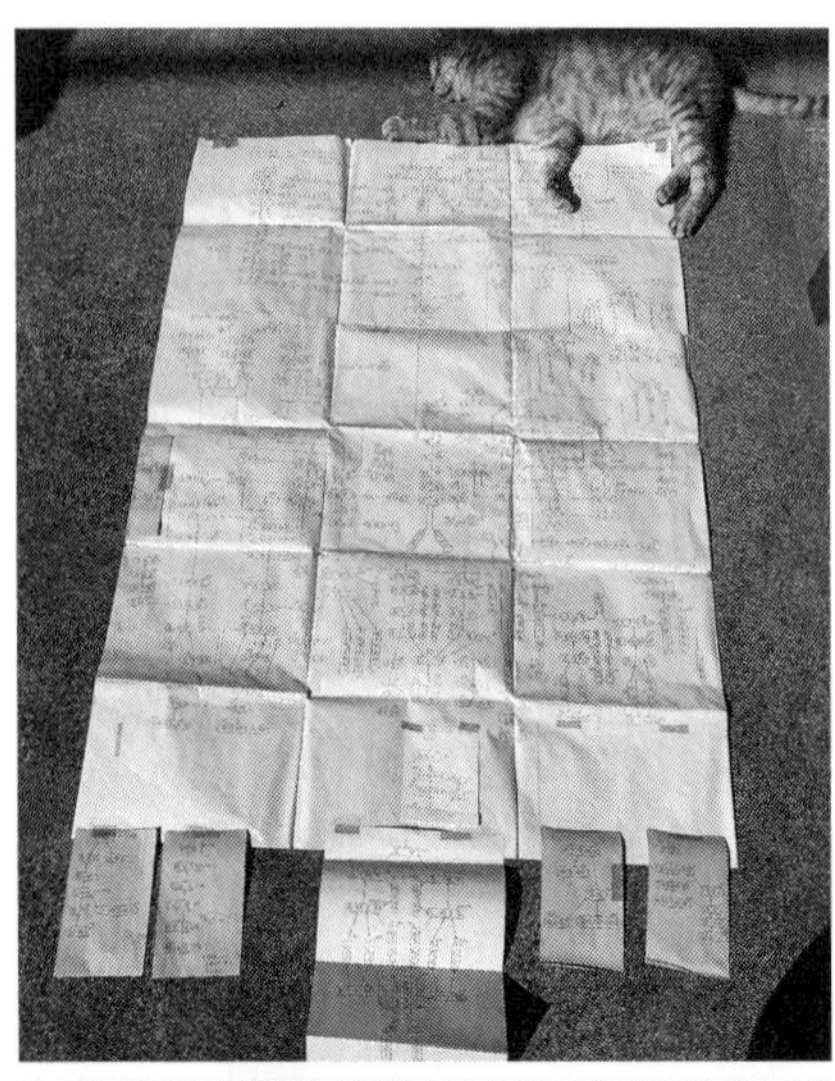

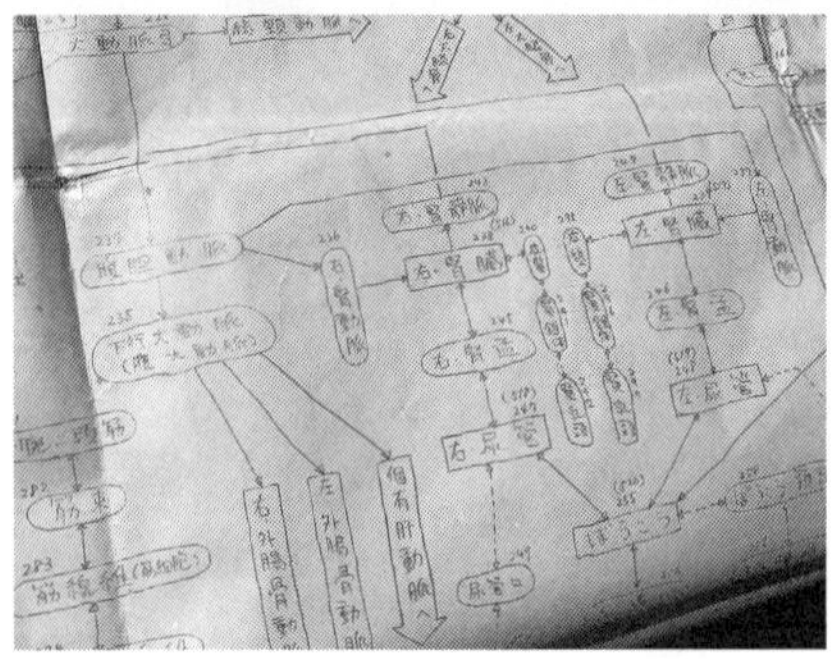

■ **クリックメディックの資料**

人体の内部構造を迷路化するために、大判の模造紙を買ってきて、そこにエンピツで各部のつながりを描き込んでいった。描き進めるうちに広さが足らなくなり、別紙をペタペタ貼り付けて拡張しているのが涙ぐましい。
ターミナルとなる場所は四角い枠、通過ポイントは楕円の枠というように使い分けている。各項目に振られた番号とその場所のテキストが連動しており、最終的には520項目を超えた。

のも、この時期だった。

東京の郊外都市で育ち、虫取り少年だった田尻が『ポケモン』の元となるアイデアを閃き、ゲームフリークが6年かけてそれを完成させ、世界的なヒット作となっていくまでの物語。それをドキュメンタリーとして書き記そう。当時、SCEのある赤坂へ打ち合わせに出かける途中、銀座線のホームで乗り換えの電車を待っているときに、そのアイデアが降ってきた。

早速おおまかな構成を作り、『ポケモン』の関係者たちにインタビューして回った。ゲームフリークの面々や石原恒和さんはもちろん、田尻の小学校時代の恩師にも話を聞きに行った。京都へは宮本茂さんの取材に行き、貴重な話をたくさんしていただいた。次は横井軍平さんにも話を聞きに行こうと思っていたのだが、ほんの数日後に訃報が入り、その願いは叶わなくなった。なにより稀代のアイデアマンとして心から尊敬していた人物なのだ。その喪失感は大きく、悲しみは深かった。

書き終えた原稿は、二〇〇〇年の八月に単行本となって刊行された。あの『ポケモン』開発のドキュメンタリーであり、カバーイラストは杉森建が書き下ろしてくれたピカチュウだ。これなら30万部くらい余裕で売れてしまうのでは！　と期待をかけていたのだが、初版5000部を売り切ることなく、絶版となった。

いま振り返れば、タイトルがよくなかったのだと思う。その当時、「ポケモン」こそ世界中で知らない者のいない単語になっていたが、それを作っている「ゲームフリーク」という社名はさほど知られていない。

自分としては、かつての古巣への恩返しとして、その名前を喧伝するつもりで書名に付したのだが、それが裏目に出てしまったのだろう。もっと露骨に、『ピカチュウ爆誕！ポケモン開発㊙物語』くらいのわかりやすさで押し出すべきだったのかもしれない。

■ ゲームフリーク
増刷されぬまま絶版となったが、そのせいで現在は中古価格が高騰している。どこかで文庫化でもされるといいのだが……。

5-05

知的な時限爆弾

ゲームフリークは、会社を辞めた人間にも頻繁に仕事を発注してくれた。おかげで、フリーランスになってもあまりお金には困らずに済んだ。ぼくはなぜこんないい会社を辞めてしまったのだろう。すべては自分のわがままだ。会社の業務でたくさんの仕事をこなし、ちょっと仕事を覚えたら、それをすべて自分一人の力で出来るようになったと勘違いする。そうして独立の虫が疼き始める。小説を書いてみたいから、というのが言い訳であるのは、自分が一番わかってる。

実際、一九九四年に退職してから、ぼくは小説らしきものなど何も書かなかった。書けなかった。ゲーム雑誌の記事と、書き下ろしのノンフィクションと、ゲームのシナリオ執筆に明け暮れていただけだ。それでも、広い事務所と、優秀なアシスタントを得て、しばらくは順調に仕事をこなしていた。友人、知人のライターやフリー編集者に声をかけ、攻略本の制作を請け負うこともあった。『ダイナマイトサッカー98』（スーパーファミコン用ソフト）の攻略本を請け負った際には、ゲームとスポーツに詳しい知人の平信一くん（現在は「電ファミニコゲーマー」の代表）に力を貸してもらったこともある。こうした仕組みをうまく回して仕事をこなしていけば、いずれは自分の事務所を編集プロダクションにできるかもしれない。そんなことも考えた。

それが破綻し始めたのは、二〇〇〇年を過ぎた頃だ。

そのときのぼくの生活態度は、本当に酷いものだった。結婚を機に昭島にある妻の実家で同居を始め、事務所も立川に移していたが、出勤しても実作業のほとんどはアシスタントの川内丸に押し付け、自分は何かと理由をつけては外出してしまう。当時、夢中になっていたベースボールカード蒐集のため、あちこちのトレカショップに入り浸っていたからだ。

そんなことをしていれば仕事は行き詰まってくるし、事務所を維持するための収入もおぼつかなくなる。せっかく川内丸や平くんのような才能ある若者とも出会えたのに、ぼくはそれを活かせなかった。

結局、事務所は解散することにした。そうなればアシスタントも解雇せざるを得ないのだが、無責任に放り出すわけにもいかない。そこで、ゲームフリークに相談して「ぼくが社長から学んだ〝ゲームフリーク流のゲーム哲学〟はすべて教え込んであるので即戦力になりますよ」と太鼓判を押し、川内丸の移籍をお願いした。

ぼく自身はといえば、また一人で仕事を始めるところからの再スタートだ。幸い、ゲームフリークからは『ポケモン』シリーズの新作『ルビー・サファイア』のメインシナリオという名誉ある仕事を任せてもらえた。フリーランスの立場で、あれほどのビッグタイトルに関わることができたのは、本当に幸運なことだ。

ただ、開発作業が進むにつれ、不安の種も大きくなっていく。この仕事が完了したら、社員でもない自分に次のプロジェクトが待っているわけではない。運良く新しい仕事が発注されればいいが、なければそれまでだ。よそのゲーム会社に企画を出すか、雑誌の編集部に片っ端から営業をかけるか……。

そこでぼくは、ついにフリーランスであり続けることを断念する。

そう決断するに至った背景には、妻の抱えている病気も少なからず影響していただろう。二〇〇〇年に妻が娘を出産する際、体調が思わしくないので精密検査をしたところ、難病を抱えていたことが発覚する。余命はおよそ5年と宣告された。ただでさえ、将来に不安のあるフリーランス稼業だというのに、妻の寿命までカウントダウンされてしまったのだ。

ただ、そのことを一番の理由にしてはいけないとも思った。なにより悪いのは自分自身のだらしなさだ。それが最大の原因だ。この苦境を乗り越えるには、自分が心を入れ替えて運命に立ち向かうしかないのである。ぼくは恥を忍んで会社に頭を下げ、契約社員という形で再び席をおかせてもらった。

ゲームフリークでイチからやり直すということは、先に会社へ送り出した川内丸の後輩に自分がなってしまうことでもある。いいや、そんなのかまうもんか。恥ずかしいだなんてちっとも思わない。懐かしいみんなと、またゲーム作りができる。何度も夢で見ていたことだ。それがまた現実になったのだ。

二度目の入社ということで、自分ではゼロからのやり直しを覚悟していたが、会社は契約社員＝

専属シナリオライターのような扱いをしてくれて、ぼくのプライドが保てるよう気遣ってくれた。年棒も身に余るほどの額を提示してくれた。

復帰後、ぼくは『ポケットモンスター　ルビー・サファイア』を始めとして、主に『ポケモン』シリーズのシナリオ執筆を中心に仕事をすることになる。『ルビー・サファイア』の第三バージョンである『エメラルド』の第のシナリオを書き、その次の新作の『ダイアモンド・パール』ではサブイベントを担当し、『ポケモン金・銀』のリメイクとなる『ハートゴールド・ソウルシルバー』では、再びシナリオを担当した。

■ デスクに貼られた付箋

復職後はシナリオ作業に専念し、ゲーム中に表示されるメッセージをひたすら書き続けた。書くべきセリフの管理はエクセルでやっていたが、日々返ってくる膨大な修正指示はあえて付箋に書き出して、済んだものから塗りつぶすことで達成感を得て、仕事へのモチベーションを維持していった。

他に、ゲームボーイアドバンスの意欲作『スクリューブレイカー　轟振どりるれろ』でも、シナリオやキャラ設定などをやらせてもらった。本作は『まじかる☆タルるートくん』同様に杉森建がディレクションを担当しており、「あの頃」が蘇るような思いを何度も味わった。

復帰後のぼくが、どの程度会社に貢献できていたのかはわからない。『スクリューブレイカー』はともかく、『ルビー・サファイア』は世界レベルでヒットしたのだから、最低限の恩は返せたと言っていいかもしれない。

ただ、ぼくは数字やお金よりも、目に見えない部分で会社と、その作品——ぼくはゲームを〝作品〟とは呼ばないようにしているが、ここでは敢えてその言葉を使う——に貢献できることを目指していた。少なくとも『ポケモン』でやった仕事では、それを達成できたのではないかと自負している。

ぼくが、田尻智や、あるいは堀井雄二さんや、その他のクリエイターたちから学んだことのひとつに、「知的な時限爆弾」という考え方がある。

たとえば、『ドラゴンクエストⅢ』の終盤には、ネクロゴンドという洞窟が出てくる。かなり手強い敵ばかりが出現する場所で、遊んだことのある人間には、この名前に死のイメージが張り付いていることと思う。

しかし、それはプレイの体験によるものだけではない。

ネクロというのは、ネクロノミコン（死の秘法書）、ネクロフィリア（死体愛好）という語があるように、死をイメージさせる言葉だ。また、ゴンドはゴンドワナ大陸からの連想で、陸地をイメージさせる（実際のゴンドワナはサンスクリット語で「ゴンド族の森」の意味だが、ここは陸地のイメージとしてこの言葉が引用されたと解釈してよいと思う）。

ペダンチックに分析していけばそういう解釈も成り立つわけだが、『ドラクエ』シリーズを遊ぶプレイヤーが、皆そんなことを考える必要はない。「ネクロゴンド？　なんか怖そう！」と思うだけでかまわないのだ。小学生、中学生ならそれが当たり前だ。

でも、それから数年後に、英語の授業か地理の授業か、あるいは自主的に読んだ本の中で出会うのかはわからないが、「Necro」という単語を知ったときに、「ああ、ドラクエのあれはそういう意味だったのか！」と気づく瞬間が来る。ファミコンゲームの中に仕掛けられていたささやかな爆弾が、長い時間を経て炸裂するのだ。

それはなんと刺激的なことだろうか！

ぼくは、それこそがゲームシナリオライターのするべきことだと信じている。だから、自分の手掛けた『ポケモン』にも、そういう言葉の時限爆弾はあちこちに仕込んである。

ひとつだけ種明かしをしよう。

『ルビー・サファイア』では、１０８番水道に「すてられぶね」と呼ばれる廃船のダンジョンがある。とくに船名を付けず「すてられぶね」のままでもシナリオは進めることができるのだが、そんな名前で建造される船はない。この場所で朽ちる前には、なんらかの船名がついていたはずだ。そう考えて、この船に適した名前を付けることにした。

そのとき、以前何かのエッセイで読んだタイタニック号にまつわるエピソードが頭によぎった。

タイタニックは、一九一二年当時にして最新の造船技術で建造された豪華客船だ。二重三重の安全対策が施されているため「不沈船」とまで謳われていたが、処女航海の途上で氷山と衝突し、1500名を超える乗員・乗客と共に海の底へ沈んだことで知られている。

「船」というのは、処女航海という言い方があることからもわかるように、西洋では一般的に女性名詞として扱われる。そのため、船名も「クィーンエリザベス」や「エカテリーナ」など、女性名を付したものが多い。

ところが、タイタニック号はギリシア神話に登場する「ティターン（タイタン）」という剛健無双な神、すなわち男性名を元に命名されている。それゆえに、海の怒りを買って

■ ポケットモンスター ルビー

本当なら『ルビー』と『サファイア』を並べるべきなのだが、どこかにいっちゃった。たぶん娘にあげたのだろう。ぼくは物持ちはいい方なのだが、案外と管理に杜撰なところがある。

沈んだのではないか、というわけだ。本当かどうかは知らない。でも、こういう〝いかにもありそうな〟エピソードは、物語の強度を高めてくれる。利用しない手はないのだ。

そこで、ぼくは「すてられぶね」にも似たようなエピソードをまとわせようと考え、あれこれ悩んだ末に「カクタス号」というネーミングを思い付いた。

カクタス、すなわちサボテンは砂漠を中心とした乾燥地帯に多く分布する多肉植物だ。周囲が水だらけの海とは正反対のイメージを持つこの名前は、いかにも船には似つかわしくない。だから沈んでしまった、というバックグラウンドストーリーを仕込んでみたのだ。

もちろん、そんなことはゲーム中では一切説明していない。する必要もないだろう。

第6章

最後の悪あがき

01 三度目のフリーランス
02 桃鉄チームに電撃移籍
03 古書の街の秘密基地
04 そして、あれから40年——

6-01

三度目のフリーランス

ゲームフリークに復帰したぼくは、黙々と仕事に励んだ。前章でも書いたように、『ルビー・サファイア・エメラルド』のシナリオを書き、『ダイアモンド・パール・プラチナ』ではサブイベントの手伝いをし、『ハートゴールド・ソウルシルバー』のシナリオをリメイクした。『スクリューブレイカー』は完全オリジナルの新作ということで、キャラクターメイキングから手掛けた。

一度は会社を放り出した人間を再び迎え入れてくれたのだ。田尻社長はもちろん、ぼくの復帰話の橋渡しをしてくれた杉森さん（敬称付き！）、それを承諾してくれた現場責任者の増田さん（敬称付き！）には、感謝の気持ちしかない。

復帰するにあたっては、社の業務に差し障りがなければライター業を続けることも許されていた。その配慮はとてもありがたいことだが、せっかく復帰を許してもらえたのだから会社の仕事に全力を投入しよう。当時、ぼくは40歳になっていた。契約社員に定年があるのかどうかはわからないが、会社から「お前はもう要らん」と言われない限り、ぼくは会社に骨を埋めるつもりでいた。

本心からそう思っていたのだ。復職から6年ほど経つまでは——。

毎年、春には新卒の学生が入社してくる。『ポケモン』の知名度が上がるにつれて、ゲームフリークへの就職は狭き門となっていった。その難関をくぐり抜けて入ってくる新人は、みんな優秀だ。

一度、会社説明会の手伝いに駆り出されたことがある。会場には、ゲームフリークへの入社を希望するたくさんの学生が詰めかけてくる。彼ら彼女らの目は希望とやる気に満ち、自己アピールには熱意がこもり、会社への質問もレベルが高く、鋭いものばかりだ。それを見ていて、ふと、こんなことを思った。

「いま、ぼくが正面からゲームフリークの入社試験を受けたら、果たして……」

かつて、アシスタントとして雇っていた川内丸はとても優秀な奴だった。工学部出身のせいか物事の説明が論理的で、こちらの話の飲み込みも早い。ぼくがゲームフリークを離れている間に入社してきたスタッフも皆、驚くほど仕事ができる連中ばかりだ。

それに対して、ぼくはどうなのか?

創業時から関わっていた人間であるということ、社長よりも年上であること、物書きとして何冊かの著書があること。もし、ぼくが社内のみんなから少しでも敬意を持たれていたとするなら、これらのことが理由だろうと思う。けれど、ここにきてそんなことにどれほどの価値があるというのか。

薄々わかっていた。自分がゲームフリークの仲間から取り残されつつあることを。

そして、ぼくは再び会社を去ることにした。

そのときの心境を、ぼくは著書『無限の本棚』に書き残している。第一章の前半に、ゲームフリークから離脱する決意をしたときのことを、次のように書いている。

世界中で大ヒットする作品が誕生した瞬間に立ち会えたのはとても光栄なことだし、それらの開発に没頭する日々はとてもスリリングだった。常に最新の機材と最新のテクノロジーを駆使して娯楽をアップデートしていく。こんな刺激的な仕事はなかなかない。けれど、いつしか一緒にゲーム開発をしている仲間たちから取り残されつつある自分にも気づいていた。

仕事の必要があってぼくもコンピュータは使っているが、基本的にはワープロとしての使い道がメインであり、コンピュータを使いこなしている、とは言い難い。どういう原理で動いているのかなんて、何度説明されてもわからない。

コンピュータやプログラミングは、覚えることがあまりにも多すぎるし、せっかく覚えたことが日進月歩で更新されていく。ゲームビジネスは常に最新のテクノロジーを追い求める業界だから、どんどん開発者たちの世代交代が起こる。会社には、新しい知識を身につけ、柔軟な思考を持った若いスタッフが入ってくる。コンピュータひとつまともに使いこなせない年寄りは、置き去りにされて当然だ。

会社の中で自分の評価が落ちていってるのは、年々、報酬の額が下がっていくことからも推察できた。契約社員なので、毎年一回、契約継続の意思を確認し合う。会社から肩を叩かれたことは一度もない。ぼく自身も、これまでは雇ってもらえるだけでもありがたいと感じていたので、無条件で契約の継続に同意していた。

だが、二〇〇九年には意を決して、会社側に賃上げの交渉を試みた。しかし、話し合いはまとまらず交渉は決裂した。

報酬が下がっていたとはいえ、世間一般から見れば、それなりの金額ではあったと思う。賃上げ交渉などせず、素直に契約を継続しておけばよかったのかもしれない。ただ、周りから置いていかれているのではないかという焦りと、自分の能力が正しく評価されていないのではないかという疑念が、ぼくに冷静な判断力を失わせた。

株式会社ゲームフリークがスタートした頃は、スタッフがほぼ同列の位置にいたから、自分程度の能力でもなんとかやってこれたのだろう。周りのみんなに助けられ、みんなの仕事を見て学び、どうにかやってこれた。けれど、もうここまでだった。自分の能力の限界に気づいてしまったのだ。

ぼくは半ば感情的になり、契約の更新を放棄した。再び無職に逆戻りである。病気の妻と、幼い娘を抱えているというのに――。

6-02

桃鉄チームに電撃移籍

会社を辞めたら、またフリーライターに戻ればいい。最初はそんなふうに思っていたが、そう簡単にいくものではなかった。ゲームフリークに在籍している間は社内の仕事にだけ集中し、フリーライターとしての活動をほとんどしてこなかったため、出版界とのコネクションがほぼゼロに戻っていたからだ。

これまでメインフィールドにしていたゲーム雑誌界隈も、気がつけば大半は消滅するか、WEB媒体に移行していた。そもそも出版業界自体が、長引く不況と、ネットの急激な発達という波に揉まれ、旧来の形からの脱却を余儀なくされている。そこへ十年近いブランクのあるライターがいきなり舞い戻ってきたところで、何ができるだろう。

三度目のフリーライター開業を知らせる葉書を印刷し、旧知の編集者たちへ送ってみたが、反応は非常に薄いものだった。「ライター復帰、おめでとうございます」と言われはしても、具体的な原稿依頼にはつながらない。

少しばかりの貯金と退職金は、家族三人の生活費でいずれ消えていくだろう。一刻も早く仕事を見つけなければならない。

まずはハローワークへ行き、失業保険の給付を申請する。そのうえで求人票をめくって職を探す。

このときすでに年齢は48歳。最終学歴は専門学校卒だが、一年制の学科なので世間的には高卒みたいなものだ。選り好みさえしなければ仕事がないわけではないが、どうしても出版やゲームの仕事に未練があった。だが、ハローワークにゲームデザイナーやシナリオライターの募集なんて来ているわけがない。

食い扶持を稼ぐため、派遣会社に登録して肉体労働にも挑戦したが、あまりのキツさに2日で音を上げた。買ったばかりの作業ズボンは1回も洗濯しないうちにお役御免となった。

失業保険と貯金を切り崩す日々が続く。家にいても何もすることがない。かといって遊んでいるわけにもいかない。

そんなときに思い出したのが、「少年ジャンプ」時代に知遇を得ていた、さくまあきらさんの名前だった。

それまで一緒に仕事をしたことはなかったが、昔から若い連中の面倒見がいい人だというのは知っている。自分の読者やファンから才能のありそうな人間を引っ張り上げ、アルバイトを紹介したり、自分のスタッフに抜擢するなどしているのを、当時から目にしていた。笑止会という名の異業種交流会を主催して、若いライターや編集者たちの人脈づくりを手助けすることにも熱心だった。ぼくも何度か声をかけてもらったことがある。

そしてここが一番肝心なところだが、『桃太郎電鉄』の開発チームはさくまさんを中心としたフリーランス集団で構成されている。であるならば、自分にも参加のチャンスはあるはず。たとえチーム入りはできなくても、なんらかの仕事をもらえる可能性がある。

本当なら、仕事がなくなったときに連絡するようなことはしたくなかった。自分の仕事が順調なときにこそ「あなたの仕事も手伝いたい」と言うべきだ。でも、背に腹は代えられない。

ぼくはさくまさんに連絡をとり、現在の自分の窮状を話した。必死のＳＯＳだった。そして、受け入れてもらうことができた。さくまさんは長いこと自分の日常を日記としてインターネットに上げていたが、そのときのことを次のように書いている。


とみさわ昭仁くんが今年、ゲームフリークを辞めて、フリー宣言をしたので、さっそく獲得に乗り出した。私は何でもプロ野球にたとえて行動する。

実績ある選手の加入は大きい。

今回、次回作のために、桝田省治、とみさわ昭仁くんという阪神タイガースでいえば、金本選手と、新井選手を獲得したようなものだ。

作品的に彼らが、あまり参加できなかったとしても、刺激を受けることは大事だとおもう。


わかるだろうか。まるで、あちらの方からぼくを獲得するために動いたように書いてくれているが、事実は逆だ。こちらの方から頭を下げて、仕事をもらえるよう願い出たのだ。けれど、そんなことはおくびにも出さず、ぼくの顔を立てて自分が獲得に動いたことにしてくれる。その心遣いは、涙が出るほどありがたかった。

　さくまさんの温情で仕事を得たぼくは、『桃鉄』の開発スタッフとして活動を再開する。

　最初は、六本木のハドソンで行われる定例のプロモーション会議への出席から始まった。こちらは『桃鉄』シリーズ各作品の売上報告や、広告展開の戦略会議といった硬い話題が中心で、その議事録を作成する仕事を与えてもらった。

　やがて開発チームにも加えてもらうことができた。『桃鉄』のアイデア会議はハドソンの会議室ではなく、湯河原にあるさくまさんの別宅だったり、京都のマンションだったりと流動的だ。青森のホテルに現地集合したこと

■ さくまさんの湯河原の別宅
左側にある四角いタワー部分には「桃太郎電鉄立ちねぶた」が、母屋の右手にはプリンス・グロリア・スーパー6と初代ニッサン・シルビアの実車が展示されており、訪ねてきた客を仰天させている。もちろんぼくも初めて見たときは目が点になりました。

もある。ようするに、取材のために日本全国を旅しているさくまさんのスケジュールと行動に合わせて、我々スタッフも動くことになるのだ。

『桃鉄』の企画会議は一泊、二泊で行われることが多く、まるで部活の合宿のようだった。ご存知のように、さくまさんは全国各地のおいしいものを食べることが大好きだ。そして『桃鉄』を作るという工程において、それはれっきとした仕事でもある。『桃鉄』のために行動している間の食事代金は、基本的にすべてさくまさんが支払ってくださる。青森で食べた大間のマグロも、湯河原の金目鯛のしゃぶしゃぶも、京都の白味噌牡丹鍋も、福岡のもつ鍋も、ぜーんぶゴチ。まったく〝おいしい生活〟とはこのことだ。

ぼくがチーム入りしたときは、ちょうど『桃太郎電鉄20周年』（ニンテンドーDS）の開発が佳境に入っており、ゲーム中に出題されるクイズの考案や、サブイベントの制作を手伝わせてもらった。また、この時期は携帯電話アプリでも『桃太郎電鉄KYUSHU』『桃太郎電鉄AOMORI』など、特定の地域のバージョンを複数リリースしていた。候補に挙がりながらも没になったタイトルも多く、どれをどこまで手伝ったかは正確に覚えていないが、とにかく短期間に随分と経験を積ませてもらった。

ぼく自身は、ゲームフリーク時代に『ポケモン』でRPG作りの実績を積んでいる。せっかくさくまさんと仕事をするなら、『桃鉄』もいいけれど、できればゲームデザイナーさくまあきらのデビュー作であるRPG『桃太郎伝説』の新作を作りたいと考えていた。これならぼくのスキルも存分に活かせるだろう。

だが、『桃伝』新作の企画を提案してみても、さくまさんはなかなか首を縦に振らない。過去に、RPG作りでは何度も嫌な思いをさせられたからだと言うのだ。そこのところの詳しい事情はわからないが、せっかく『桃鉄』シリーズが順調なのに、無理して『桃伝』の新作を立ち上げる必要性を感じない、ということなのだろう。

その通りだとは思うのだが、こちらも自分が中心となって取り組める仕事を創出したいので必死である。手を替え品を替え、ぼくは何度も提案を繰り返した。そして、完全新作ではないが、初代『桃太郎伝説』を携帯電話用のアプリとしてリメイクするということで、企画のGOサインが出た。『桃伝』をリメイクするなら、ぼくはプラットフォームとして、ニンテンドーDSがベストだと思ったが、まずは携帯電話向けにリリースして、その結果が好評なら他機種への移植も考えましょう、ということになった。正直言ってニンテンドーDSしか眼中になかったぼくは不満だったが、仕事があるだけでもありがたいことだ。

途中、何度かトラブルに見舞われたりもしたが、『桃太郎伝説』の携帯電話向けリメイク、その名も『桃太郎伝説モバイル』は完成した。自分でも満足のいく出来だったが、仕事のクオリティには鬼の厳しさでジャッジを下すさくまさんから「よくやった！」との褒め言葉をもらえたのが、何よりの労いだった。

常においしい食事とセットで仕事ができることだけでなく、『桃鉄』チームは隙あらば人を笑わそうとする人間の集まりなので、会議でも、移動中でも、いつも笑いが絶えなかった。ぼくも必死にそのノリについていこうとした。

いつだったか、湯河原から熱海へタクシーで移動しているときのことだ。さくまさんはマンガ原作者の小池一夫さんを師と仰いでいるが、その小池師匠からこんなことを持ちかけられたという。

「さくま、おれは跡継ぎがいないんだ。だから、おれが死んだ後は小池一夫の著作権をお前が継承してくれないか」

きっと冗談だったのだとは思うが、本気だとしたら大変な話である。『子連れ狼』『御用牙』『花平バズーカ』『長男の時代』『青春チンポジウム』……名だたる傑作群の著作権をまるごと譲ってやろうというのだから。

それに対してさくまさんは、「そんな畏れ多いことできるわけないじゃない。『師匠カンベンしてくださいよ』って、断わるしかないよね」と笑う。そりゃそうだ。でも、ぼくはそこですかさず言った。

「いい話じゃないですか！　小池一夫先生の著作権、さくまさんが引き受けるべきですよ！　そんで……さくまさんの著作権はぼくが引き受けます！」

大ウケしましたね。運転手さんも巻き込み、タクシーの中は爆笑の渦。『桃鉄』の旅は、いつもこんな楽しいことの連続だった——。

『桃鉄』の仕事では、ひとつの嬉しい再会もあった。ぼくが仕事を失った状態から脱却するためにさくまさんの元へ身を寄せたように、「ファミコン必勝本」時代に友人となっていた成澤大輔――ナリちゃんもまた仕事が激減し、さくまさんの仕事を手伝うために呼び寄せられたのだ。

それは熱海のマンションでのことだった。湯河原で合宿をするとき、いつもは熱海にさくまさんが所有するやや築年数の古いマンションが宿舎として充てがわれるが、その日はぼくとナリちゃんの二人が揃うということで、他に所有している高級マンションの方を利用させてもらえた。そこには、ビーチを見下ろす露天風呂が設置されている。

会議を終え、その後の夕食(厚さ3センチのステーキ!)も済ませたぼくらはホテルに入り、一緒に露天風呂へ行った。まだ仕事が完全に復調したとは言えないが、さくまさんのお陰で生活に張り合いは戻ってきていた。

ぼくはナリちゃんと並んで浴槽に身を横たえ、星空を見上げながらいろいろなことを語り合った。「ファミコン必勝本」時代のこと、そこから成功した仲間のこと。廃業したり死んでしまったりした仲間のこと、仕事が減って苦しんでいる自分たちのこと。それが、いまこうして『桃鉄』と関わることで、なんとなく希望のようなものが見えてきていること……。

そのとき、ぼくと彼は「おれたちまだ終わってないよな。まだまだやれることあるよな」と、まるで映画のセリフのようなことを口にした。

ぼくが『ポケモン』の開発メンバーだったといっても、いまの自分を『ポケモン』が食わせてくれるわけではない。成澤大輔が「ダビスタ伝道師」としていくら有名でも、『ダビスタ』がいまの自分を食わせてくれるわけではない。当たり前のことだ。どちらも自分たちに著作権はないのだ。

「やっぱりさあ、おれたちも自分の作品を持たなきゃダメなんだよね」と、ナリちゃんは言った。直接的にゲームを作るとか、小説のような著作物を持つという意味もないわけではないが、そこまでせずとも、自分たちでもっと積極的に動いて、なんらかの成果物を世の中に送り出して

■ 成澤くんたちとの飲み会

トークライブの打ち合わせ後の飲み会にて。左からセガの竹崎忠さん（現在はトムスエンターテインメント代表取締役）、成澤大輔くん、ぼく、杉森建さん。こんなに元気そうにしていたのに、この日からたった一年後に成澤くんは急逝してしまった。

いかなければだめなんだ。ぼくらは、そういう意思の確認をしたのだ。

あの日の会話が、のちに彼と一緒に「ヒッポンエイジス」という名前のイベントを始める原動力となった。「ファミコン必勝本」時代の出来事や思い出を、当事者たちを交えて語るトークライブだ。単なる過去語りと言ってしまえばそれだけだが、まずは過去を総括し、そこから未来への目標を見つけ出すという目論見がぼくらにはあった。

残念ながら、ナリちゃんは志半ばで病に倒れ、一緒に次の展開を切り開くことは叶わなかった。それでも、何度も打ち合わせをして、一緒に酒を飲み、トークで大勢のお客さんに喜んでもらい、夢のような日々を過ごすことができた。成澤大輔という素敵な男の最後の輝きに立ち会えたのは、『桃鉄』があったからこそなのだった。

6-03

古書の街の秘密基地

ぼくは一九九七年に結婚した。ゲームフリークから一度目の独立を果たし、明大前に事務所をかまえていたときに知り合った女性と交際した末のことだ。

結婚から2年後に妻は娘を身篭ったが、その定期検診の過程で難病を抱えていることが判明する。診断された病名は「原発性肺高血圧症」。ここで詳しく説明することは避けるが、肺の毛細血管が生まれつき人より細いために血液の通過が困難を極め、負担のかかる心臓がやがて停止してしまうという難病だ。

医師からは病名発覚後の生存率は5年だと言われた。最新の投薬と本人の頑張りで11年も生きてくれたが、二〇一一年の十月に闘病の甲斐なく妻はこの世を去った。

二〇一一年といえば、東日本大震災のあった年だ。ゲームフリークを辞め、仕事をすべて失ったところから、さくまさんの助け舟に乗せてもらうことで復活の兆しが見えてきた。そんなときにあの災害が起こり、決まりかけていた仕事がいくつも頓挫した。さらに、妻との死別という最悪の出来事が重なる。誰のせいでもないのだが、誰かを恨まないことにはやっていられないような1年だった。

慌ただしい葬儀とその後始末を終え、さて、これからどうしたものか……と考えたときに、ぼくは妻の生命保険があることを思い出した。掛け金も少なかったので、それほど大きな金額ではない。ただ、いろいろなものを失った人間が、再起をかけてもう一度何かに挑戦することができる程度の額ではあった。

そこで、ぼくは子供の頃から憧れていた古書店を始めることにしたのだ。

別にライターをやめる必要はない。むしろ、古書店との兼業は執筆活動のプラスにもなるだろう。店頭にはこれまで好きで集めていた古本を並べ、客が来るのを待つ間は原稿を書く。なんだか、それはフリーライターとして理想的な姿のようにも思えた。細々と原稿を書きながら、店番をする。ライター仕事のために購入した資料本のうち、不要になったものは自分の店に並べてしまえばいい。本を買って、本を書いて、本を売る。そんな本好きとして理想的な循環のことは、やはり拙著『無限の本棚』にたっぷり書いているので、そちらを参照していただきたい。

ともあれ、ぼくは「マニタ書房」という古書店を始める。いくつかの幸運が重なって、古書店街として有名な神保町に店を開くこともできた。それは古書店としてだけでなく、ライターとしての立場にも良好に作用した。なぜなら、神保町周辺に存在する出版社や編集プロダクションの編集者たちが、噂を聞きつけて店に足を運んでくれるようになったからだ。そこから広がった仕事は数えきれない。

以前から愛読していた「本の雑誌」を発行する本の雑誌社とご近所になり、それだけが理由ではないと思うが、度々仕事をもらえる関係になった。「少年ジャンプ」以来ご無沙汰していた集英社とも関係が復活した。神保町のタウン誌などを編集している編集プロダクションと接点が生まれ、コラム連載の仕事がきた。古書店同士の交流の中から生まれた仕事もある。

神保町とはとくに関係ないが、このとき大きな転機となったのはポータルサイト「エキサイト」の仕事だった。『ぷよぷよ』のゲームデザイナーとして知られる米光一成さんが主力ライターを務め、そのパートナーであるアライユキコさんが編集を担う（当時）エキサイトレビューは、話題の書籍や映画、小説、コミック、ドラマなどを紹介するコーナーだ。そこの執筆陣にぼくも加えてもらうことができた。

■ マニタ書房の看板

開業資金を節約するため看板は特注せず、合羽橋でよくあるA型看板を買ってきて、ポスカで店名や取り扱いジャンルを書き込んだ。イメージキャラクターは堀道広さん、ロゴデザインは侍功夫さんにお願いした。

エキサイトレビューは業界での注目度も高く、ここでおもしろい記事を書いていると、次の展開につながることが多い。実際、ぼくもエキサイトに発表した原稿がきっかけで新たな雑誌の連載を勝ち取ったり、いくつものラジオ番組に呼んでもらえるようになった。仕事は仕事を生んでくれる。

こうして振り返ってみると、本当に自分は多くの人に助けられて仕事をしてきたのだな、と思う。自分の力で切り開いたことなんてほとんどない。序章にも書いたことだが、ぼく自身は天才でもなんでもなく、ただの凡人だ。けれど、凄い能力を持

■ **無限の本棚**

無限の本棚とは、すなわちマニタ書房のこと。カバーイラストは座二郎さん、装丁は奇しくも本書『勇者と戦車と～』と同じデザイナーの井上則人さん。これもまた何かの縁なのだろう。

った人物と出会ってしまう才能だけはあった。そして、そんな人たちに助けられて、ここまできた。

可能なら、マニタ書房はぼくがそこを「無限の本棚」と称したように、永遠に続くオープンな秘密基地として維持しておきたかった。しかし、母の介護という現実的な問題に直面し、二〇一九年の春に店を閉じることになった。いまは、松戸の自宅で原稿の締め切りだけに取り組む生活をしている。

振り返ってみれば、一九八五年の暮れに製図の会社を辞め、フリーライター稼業へ足を踏み出したときと、今また同じ状況に戻っている。人生は輪の如しだ。唯一違っているのは、あの頃のように一日中ゲームをしている必要がなくなったことだろう。そんな暇つぶしをしなくてもいい程度には、原稿依頼が来るようになったのだ。

6-04

そして、あれから40年――

一九七八年に『スペースインベーダー』と出会った。ゲームという新しい「遊び」に夢中になり、ゲームという新しい「文化」のことを語り、ゲームという新しい「表現」で自分のアイデアを形にしていった。気がつけばすでに40年近い時間が経っていた。

それも、もう終わりだ。能力をアップデートできないまま歳を取った自分のような人間のところに、ゲームを作ってほしいという依頼など来るわけがない。そう思っていた。

ところが、予想もしていなかった人物から仕事の話が持ちかけられた。

それは、二〇一七年のある日のことだ。

ゲームフリーク時代の後輩に杉中克考（すぎなかかつのり）という男がいる。彼は『ポケットモンスター ウルトラサン・ウルトラムーン』でシナリオなどの企画ディレクションを担当した人物で、無類の『メタルマックス』ファンでもある。会社で一緒に働いていたときは、ロートルのぼくにも気軽に声をかけてくれるので、請われるままに『メタルマックス』開発時のエピソードを話してやったりもしていた。

その杉中くんから、会社を辞めて以来久しぶりに会って飲もうと誘われた。スケジュールが埋まっていない限り、ぼくは酒の誘いを断らない。ましてや気心の知れた後輩や友人ならなおさらのことだ。すぐに日時と場所を決める。

そして、飲みにいったその席で、彼から打診されたのだ。

「とみさわさん、ウチのアレの新作のシナリオを手伝ってみる気はありますか?」と。

まだ契約も交わしていない段階だから、彼は具体的なタイトルを言うのを避ける。だが、容易に想像はつく。「ウチのアレ」といったら『ポケモン』しかない。

最初は、からかわれているのかと思った。

杉中くんがそんなことをする奴じゃないのはわかっているが、いまのゲームフリークがぼくに仕事を頼むとは思えない。なにしろ毎年毎年、選び抜かれた若くて優秀な人材が入社してくるのだ。どこにぼくの出る幕がある?

だが、彼は本気のようだった。

聞けば、まだ決定事項ではないようだ。次の作品では、メインシナリオは社内——つまり主力シナリオライターである松宮くんが担当する。ただ、それに付随するサブシナリオの作業までは手が回らない。そこで外部のシナリオライターや、それを専門に請け負っている会社に発注することになった。その候補のひとつに、ぼくの名前も挙がっているというわけだ。

杉中くんは言葉を濁したが、シナリオサポートの候補にぼくの名を挙げても即座に社内で了解が得られたわけではないことは、なんとなく伝わってきた。それは自分のしてきたことを振り返ってみれば当然だ。ゲームフリークのアレは、会社の命運を左右するプロジェクトである。そこに二度も会社を放り出した人間を関わらせてよいものか。

だが、ぼくは正式にシナリオスタッフとして迎え入れてもらうことができた。

その背景には杉中の尽力があったことはもちろん、杉森建が強く後押しをしてくれたのだと、後になって知らされた。本当にぼくは、いつも周りに助けてもらってばかりの人生だ。

すでにそのプロジェクトは完了し、出来上がったゲームは世の中に流通しているから、ここにそのタイトルを書いても差し障りはないだろう。

そう、『ポケモン ソード・シールド』である。


『ソード・シールド』の開発をスタートさせるにあたり、シナリオ班の顔合わせがあった。ぼくが三軒茶屋にあるゲームフリークを訪ねたのは、二度目の退職をしてから9年ぶりのことだ。再びこの敷居をまたぐことはないと思っていたキャロットタワー22階のフロアに降り立ったとき、心の奥に不思議な感情が込み上げてきた。なんなんだろう。ぼくはやっぱりゲームフリークが好きなのかな。辞めても辞めても、ここに戻ってきてしまう。ループものの映画のように、気がつけばここに立っている。

結果として、ぼくは『ソード・シールド』の仕事ではたいして力にはなれなかった。サブイベントをひとつ考案し、そのためのテキストを書いただけだ。

イベントをひとつ作るごとに幾ら、という契約だったので、たくさんアイデアを出してたくさんのイベントを手がければ、もっと深く関わることはできたと思う。だが、タイミング的に『無限の本棚』の文庫版の改稿作業や他の連載原稿などの執筆に追われていた時期でもあり、『ソード・シールド』にはあまり時間が避けなかったという事情がある。

ただ、仕事をいただいた以上は、なんらかの形でこのプロジェクトに貢献したいという気持ちも強かった。そこで、ぼくは会議のたびに外注のシナリオ班に向けて昔話をした。

この会社はどのようにして生まれたのか。
創業時のメンバーはゲームのどんなところを見てきたのか。
いいゲームのアイデアとはどういうものか。
『ポケモン』はどう発想され、どうやって作られたのか。
宮本さん、横井さん、堀井さんといった先達から学んだこと。
そして田尻社長から教わったこと――。

世界的コンテンツである『ポケモン』の制作に駆り出され、戸惑いか、緊張か、興奮かはわからないけれども、とにかく手探り状態でいるはずの外部スタッフに、「ポケモンらしさ」や「ゲームフリークイズム」を伝えることが自分の役目なのだと、ぼくは感じていた。実作業では貢献できなくとも、外注の人たちが感じているハードルを少しでも下げられればいい。ギャラには反映されなくたって、まあ、それで会社への恩返しになるならいいじゃないか。

まだゲームフリークが会社ではなかった頃。ライターとしてゲームの魅力を世の中に伝えようとしていた田尻は、こんなことを言っていた。

「だめなゲームが売れることより、いいゲームが売れないことの方が、何倍も悔しい」

若き日の純粋すぎる言葉だが、ぼくはいまでも忘れられない。きちんと作り込まれたゲームが正しく評価されて、利益にもつながること。それを理想としてゲームフリークは前に進んできた。そんな理想が現実になっているのは、本当に素晴らしいことだ。


ぼくの友人でもある俳優の川瀬陽太さんが、フェイスブックで後輩たちに向けてこんなことを言っていた。

「お前にとってのスコセッシやコッポラ、スピルバーグに出会えよ。いま国内で人気の監督なんぞとっとと置いていけ。お前らで歴史作っていいんだよ――」

スピルバーグは、それまで三流のジャンルムービーだと思われていたサメ映画一本で、世界をひっくり返した。いまやハリウッドの大監督となったサム・ライミもまた、20歳のときに友人のブルース・キャンベルらと撮った低予算のホラー映画で歴史を変えてみせた。映画に限らず、そうした例はいくらでもある。ぼくが初めて出会ったときの田尻智は、まさに『ジョーズ』前夜のスピルバーグのような存在だったのだろう。

ぼくは水元公園で遭遇したインベーダーにショックを受け、テレビの中で活躍するマリオやリンクやロトの勇者といったヒーローに心を突き動かされ、自分好みに改造のできる戦車に乗って前へ突き進んできた。そして、151匹のモンスターを世界に羽ばたかせる手伝いもさせてもらった。勇者と戦車とモンスターが、ぼくの人生を誰よりも豊かなものにしてくれた。

この40年間の体験は、永遠に消えることのない生涯の宝として心に刻まれている。

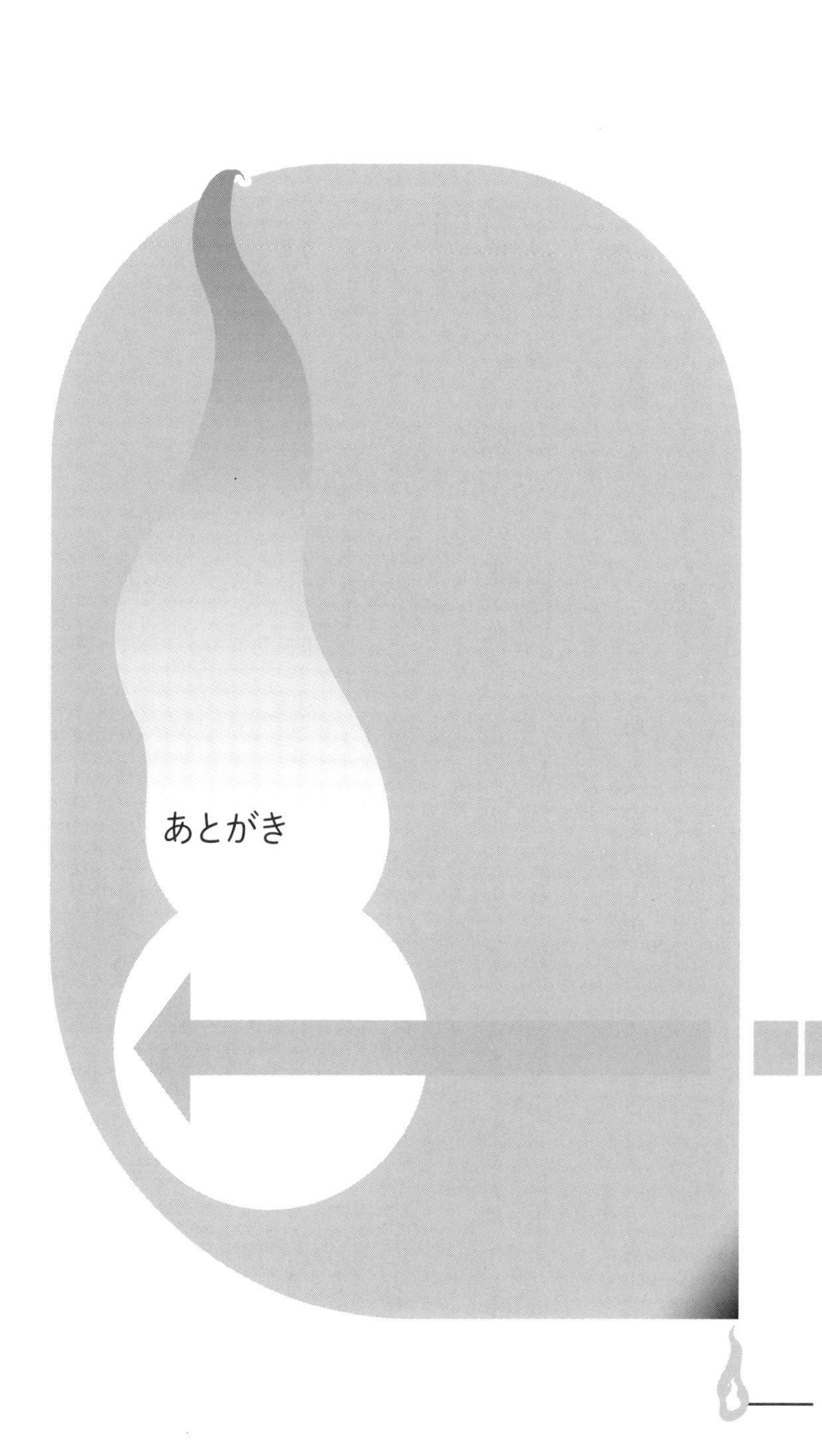
あとがき

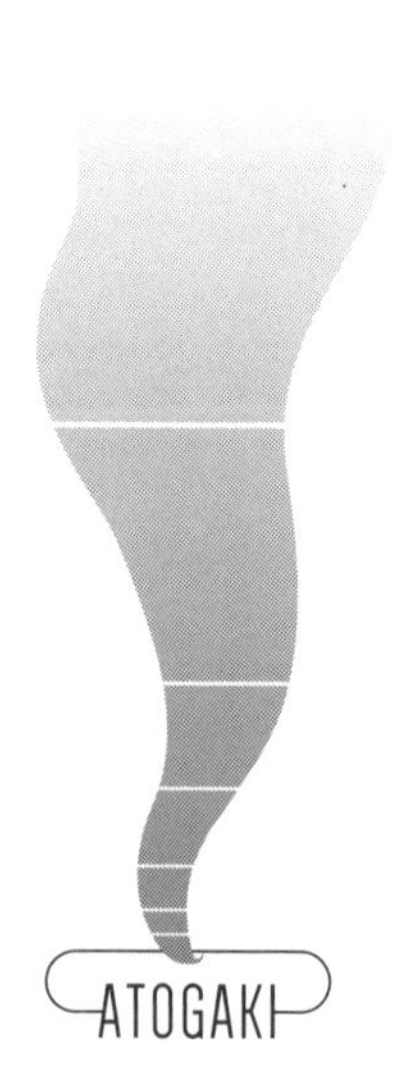

ゲームの仕事に取り組んできた30年間の出来事を、駆け足で振り返ってきた。何かひとつのことに人生を捧げていれば、もっとまとまったものになるはずなのだが、あいにくぼくは興味のおもむくまま何にでも手を出してしまう性格なので、文章も散漫なものなってしまったような気がしている。

誰の言葉だったかは忘れたが、ある作家は「あなたの自信作はどれですか?」との質問に、「それは次回作さ」と答えたという。実にかっこいい発言である。現状に満足せず、常に未来だけを見ている。ものを作る人間はそうでなければいけない。

かつて一緒に苦難の時代を過ごし、今は成功を収めた友人が、あるインタビューで「あの頃のことはいい思い出だけど、あの頃にもう一度戻りたいとは思わない」と発言しているのを読んだことがある。これもまた当然のことだ。何か大きな仕事を成し遂げた人間なら、皆同じ考えを持つに決まってる。

でも、それを読んだとき、ぼくには違和感があった。なぜなら、ぼくは未来にあまり興味を感じない人間だからだ。それよりも過去が好きだ。なんなら「あの頃に戻ってもいい」とすら思っている。

それで、自分の過去を文章に起こしてみようと考えた。幸いにしてぼくは手帳マニアであり、メモ魔、記録魔でもある（自分の年表さえ作っている！）。なので、過去に体験したことの時系列はだいたい把握している。

ぼく自身のコレクターとしての過去を追いかけたものは『無限の本棚』としてまとめてあるが、本書『勇者と戦車とモンスター』は、ゲームに関わる出来事だけを中心にピックアップしたものだ。「だけ」といっても、ずいぶんいろんなことがあった。ひとつの場所に腰を落ち着けることができずに、アッチへ行ったり、コッチへ行ったり、ソッチに戻ってきたりの繰り返し。だから、普通なら一人のゲームクリエイターでは体験できないほど数多くのプロジェクトに携わり、その開発の現場を見てくることができたわけだ。

でも、それを誇らしいとか、凄いことだと思ったことはない。本当に凄くて偉いのは、ひとつの場所に腰を据え、ずっとその仕事を続けている人たちだ。25年間『ポケモン』を作り続けているゲームフリークの人たちをぼくは心から尊敬するし、『ドラクエ』を作り続ける堀井雄二さんにも、『桃鉄』を作り続けるさくまあきらさんにも、同じ気持ちを抱いている。

構成の都合上、本文では触れられなかった出来事や人物も多い。ＨＡＬ研究所から任天堂の社長へと大抜擢された岩田聡さんとの出会いや、攻略本のための取材時に垣間見た桜井政博さんの人柄などは、いつか別の機会があれば書いてみたい。

本書のカバーイラストを描いてくれた鈴木みそさんは、もちろん著名なマンガ家ではあるが、それ以前にはゲーム業界にいた人物だ。「ファミコン必勝本」ではイラストだけでなく、ライターもやっていたらしい。……と曖昧な言い方になってしまうのは、ぼくが「ファミコン必勝本」の執筆陣に加わったときには、すでに彼はライター仕事から離れ、マンガ家としてデビューしていたからだ。縁あって、いまでは一緒に飲みに行く機会も多い友人だけれど、「ファミコン必勝本」時代には接点がなく、彼のことも本文中には登場させることができなかった。

※　※　※

本書の元になった原稿は、水道橋博士が責任編集長を務めるメールマガジン「メルマ旬報」に二〇一九年四月から二〇二一年十二月まで連載したものだ。貴重な連載の場を与えてくれた博士と、編集実務を担当してくれた原カントくんに御礼を申し上げる。ありがとうございました。

連載をスタートさせてから、最終的には単行本化することを目指して各方面に働きかけてきたが、なかなか色よい返事がもらえず、ゴールの見えないままに執筆を続けてた。そんな連載を、こうして無事に一冊の本としてまとめることができたのは、単行本化に向けての面倒な作業を快く引き受けてくれた河田周平さんのご尽力あってのもの。心より御礼を申し上げる。そして、刊行を受け入れてくれた駒草出版様にも大感謝である。

今回の単行本化にあたって、連載原稿には大幅な加筆修正を施し、最終章も書き下ろしで加えている。「メルマ旬報」バージョンとはまた違った味わいのものになっていることだろう。

カバーイラストは、その絵を見れば一発でわかる鈴木みそさん。「ファミコン必勝本」時代のすれ違いが、ここにこうしてつながったことに不思議な縁を感じる。御礼の言葉の代わりに「遠慮せずもっと鼻をデカく描いてもよかったのに！」と言っておこう。

それから、装丁と本文デザインを担当してくれた井上則人デザイン事務所の井上シャチョーにも心からのサンキューを。スナックとカラオケがなくなったら死ぬ貴方にとって、この一年はさぞかし辛かったことだろう。さあ、打ち上げに行こうぜ。

二〇二一年十月二十七日　妻の十回目の命日に

とみさわ昭仁

[勇者と戦車とモンスター]

ゲーム
&
とみさわ昭仁
クロニクル

Chronicle
of
Games,
Events,
People
&
Tomisawa

モノ
主なソフト、ハード

コト
ゲーム業界の出来事

ヒト
人物の動向

とみさわ史
ぼくのあしあと

1941

横井軍平、誕生

1948

糸井重里、誕生

1952

さくまあきら、誕生
宮本茂、誕生

1954

堀井雄二、誕生

1959

遠藤雅伸、誕生
岩田聡、誕生

年				
1961				とみさわ昭仁、誕生
1965			田尻智、誕生	
1966			杉森建、誕生	
1968			増田順一、誕生	
1972	「ポン」登場			

1976

「ブレイクアウト」登場

1977

「Atari2600」発売

東京都立H工業高校、機械科に入学

1978

「スペースインベーダー」登場

1979

「平安京エイリアン」登場

1980

「ゲーム&ウオッチ」発売
「パックマン」登場

日本工学院、立体製図科に入学

1981	「ドンキーコング」登場			T技術協会入社、 イラスト2課に配属 「よい子の歌謡曲」と 出会う
1983	「ゼビウス」登場 「ファミリーコンピュータ」発売			ライターとして 商業誌デビュー
1984	「テトリス」登場 「ドルアーガの塔」登場	「Beep」創刊		
1985	「スーパーマリオブラザーズ」発売 「セガ・マークIII」発売	「ファミリーコンピュータ Magazine」創刊		T技術協会を退職して フリーライターに
1986	「アウトラン」登場 「ドラゴンクエスト」発売 「ファミコン・ディスクシステム」発売	「ファミコン通信」創刊 「ファミコン必勝本」創刊		「スコラ」でゲーム 攻略記事を書き始める 「DELUXE momoco」で 宮本茂氏を電話取材 「ファミコン通信」で 連載を始める

年				
1987	「ドラゴンクエストⅡ」発売 「PCエンジン」発売 「ファイナルファンタジー」発売 「エアロビスタジオ」発売	「新明解ナム語辞典」発売		スタジオパレット開設
1988	「ドラゴンクエストⅢ」発売 「PCエンジンCD-ROM²」発売 「メガドライブ」発売			「ファミコン神拳」に加入
1989	「クインティ」発売 「ゲームボーイ」発売	株式会社ゲームフリーク創業		初めてワープロを購入 初の著書「妖怪道中記たろすけの冒険」を上梓 スタジオパレット解散、下北沢へ引っ越す
1990	「スーパーファミコン」発売			「GTV」の制作を手伝う ゲームフリークに契約社員で入社
1991	「ベスト競馬 ダービースタリオン」発売 「メタルマックス」発売			

年				
1992				ゲームフリークに正社員で入社
1994	「プレイステーション」発売			ゲームフリークを退社（1回目）
1996	「ポケットモンスター 赤・緑」発売			
1997		アニメ「ポケットモンスター」放映開始	横井軍平、逝去	
1999	「クリックメディック」発売 「ポケモン 金・銀」発売			

年				
2000				単行本「ゲームフリーク」を上梓
2002	「ポケモン ルビー・サファイア」発売		岩田聡、任天堂社長に就任	ゲームフリークに契約社員として復職
2003		スクウェアとエニックスが合併		
2005	「スクリューブレイカー 轟振どりるれろ」発売	コナミがハドソンを子会社化 バンダイとナムコが経営統合		
2009				ゲームフリークを退社（2回目）

年				
2010	「桃太郎電鉄WORLD」発売			
2011	「ニンテンドー3DS」発売 「桃太郎伝説モバイル」発売			妻と死別
2012				古書店「マニタ書房」開業
2013			山内溥、逝去	
2015			岩田聡、逝去 成澤大輔、逝去	

年			
2016			「無限の本棚 手放す時代の蒐集論」を上梓
2019	「ポケモン ソード・シールド」発売		「マニタ書房」閉店、再びフリーライターに
2020			
2021			

〜まだまだ続きます〜

とみさわ昭仁

（とみさわ・あきひと）

ライター／ゲームシナリオライター／プロコレクター。
1961年生まれ。
ミニコミ誌「よい子の歌謡曲」にライターとしてデビュー、「スコラ」などで
ゲーム関連の記事を担当し、創刊間もない「ファミコン通信」の「ファミコン出前一
丁」、「週刊少年ジャンプ」の「ファミコン神拳」などで執筆を続ける。その過程で面識を得た
田尻智らと合流し、株式会社ゲームフリークに参加、『メタルマックス』（企画・シナリオ）、『ポケット
モンスター 赤・緑』（ゲームデザイン）、『るろうに剣心 -明治剣客浪漫譚- 維新激闘編』（シナリオ）、『ポケッ
トモンスター ルビー・サファイア』（シナリオ）などのゲーム制作に関わる。
ライターとしては中古レコードや古本を扱う「プロコレクター」としても知られ、神保町で特殊古書店「マニタ書房」を
経営するなど、活動は多岐に渡っている。
著書に『無限の本棚 増殖版』（筑摩書房）、
『ゲームフリーク　遊びの世界標準を塗り替えるクリエイティブ集団』（メディアファクトリー）、
『ゲーム ドット絵の匠 ピクセルアートのプロフェッショナルたち』（ホーム社/集英社）、
『レコード越しの戦後史 歌謡曲でたどる戦後日本の精神史』（P-VINE）、
『こちら葛飾区亀有公園前派出所 こちゲー ～こち亀とゲーム～ 上下巻』（ホーム社）などがある。

Akihito Tomisawa

［装　幀］井上則人

［イラスト］鈴木みそ

［組　版］土屋亞由子
（井上則人デザイン事務所）

［編　集］河田周平

［撮影協力］すずめ出版古書部
（@suzume_kosyo）

本書はメールマガジン「水道橋博士のメルマ旬報」（https://bookstand.webdoku.jp/melma_box/jyunpo/）の2019年5月14日号～2021年12月14日号に連載された「1978～2008☆ぼくのゲーム30年史」を改題のうえ、大幅に加筆したものです。

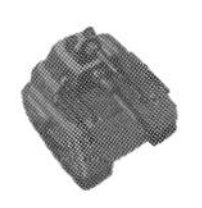

勇者と戦車とモンスター
1978~2018☆ぼくのゲーム40年史

2021年12月28日　初版第1刷発行

著　者　とみさわ昭仁

発行者　井上弘治

発行所　**駒草出版**　株式会社ダンク出版事業部
〒110-0016　東京都台東区台東1-7-1
邦洋秋葉原ビル2階
TEL:03-3834-9087
URL:https://www.komakusa-pub.jp/

印刷・製本　中央精版印刷株式会社

ISBN 978-4-909646-50-7

(Heros, Tanks and Monsters

1978-2018 ☆ What's happened to my game life through 40 years)

Akihito Tomisawa

END

.

.

.

.

.

.

END?